NEUE FOTOTHEK
Eine Buchreihe im Heering-Verlag
Herausgegeben von Bernd Lohse

Beaumont Newhall
DIE VÄTER DER FOTOGRAFIE

Beaumont Newhall

Die Väter der Fotografie

Anatomie einer Erfindung

Im Heering-Verlag
in Seebruck am Chiemsee 1978

Der Originaltitel des im Verlag Doubleday & Company, Garden City, N. Y., erschienenen Werkes lautet „Latent Image“. Übersetzung und Bearbeitung: Bernd Lohse.
Das Umschlagbild, eine Kalotypie, zeigt eine Szene im Park von Talbots Wohnsitz, Lacock Abbey. Kodak Museum, Harrow (England).

CIP-Kurztitelaufnahme der Deutschen Bibliothek

Newhall, Beaumont
Die Väter der Fotografie: Anatomie e. Erfindung.
1.–5. Tsd. – Seebruck am Chiemsee: Heering, 1978.
(Neue Fotothek)
Einheitssacht.: Latent image (dt.)
ISBN 3-7763-5160-8

1.–5. Tausend
Printed in Germany

Druck: Courier Druckhaus Ingolstadt.
Bindearbeiten: Conzella, Urban Meister, München.
Buchnummer ISBN 3 7763 5160 8.

INHALT

Das wichtigste und am stärksten bewegende Kapitel in der Geschichte der Fotografie – die Entstehung des Mediums – galt es lebendig werden zu lassen. Nicht nur durch Wortschilderung, sondern auch in der Anschauung durch das Bild. So die Absicht von Verfasser und Herausgeber. Der Versuch konnte nur unternommen werden, weil es Institutionen gibt, die sich die Bewahrung von wertvollen fotografischen Bildern und Geräten zur Aufgabe gemacht haben. Teils seit einem Jahrhundert oder mehr – wie die Société Française de Photographie in Paris, die Royal Photographic Society und das Science Museum in London. Teils seit Jahrzehnten – wie das International Museum of Photography in Rochester, das Deutsche Museum zu München und das Foto-Historama der Agfa-Gevaert in Leverkusen. Den genannten Sammlungen, in denen sich auch vielfach Schätze verdienter Privatsammler zusammengefunden haben, ist der Hauptteil der reichen Bebilderung dieses Werks zu verdanken.

Vorwort des Verfassers

Die Fotografie ist nicht von einem einzelnen erfunden worden. Zur gleichen Zeit, doch weit entfernt voneinander, arbeiteten experimentierende Tüftler am gleichen Problem. Sie wußten nicht voneinander – bis, das war im Jahr 1839, die *Académie des Sciences* in Paris den Erfolg eines dieser Männer verkündete: Louis Jacques Mandé Daguerre.

Was sich bis dahin gewissermaßen unterirdisch abgespielt hatte, das kam nunmehr zutage. Dadurch nämlich, daß andere Experimentierer den Anspruch Daguerres bestritten und die Priorität der Erfindung für sich in Anspruch nahmen. Die Wechselbeziehungen zwischen Erfindern und Erfindungen, die dadurch entstanden – indem jeder vom anderen lernte und jeder den anderen zu übertreffen suchte –, führten zu guter Letzt zu einer allgemein verwendbaren Technik. Wie es dazu kam, das zu erzählen ist die Absicht dieses Buches.

An anderer Stelle habe ich die Geschichte des Bildschaffens mit Hilfe der Fotografie beschrieben. Im vorliegenden Buch soll die Erfindung der Fotografie vom wissenschaftlichen und technischen Standpunkt geschildert werden. Aus unserer heutigen Kenntnis des fotografischen Prozesses heraus werden wir den mühevollen Experimenten der Pioniere folgen.

Fast jede Substanz wird durch Licht verändert, einige in höherem Maße als andere. Auf diesem Phänomen beruht die Fotografie. Wenn auf ein lichtempfindliches Material ein Bild aufbelichtet wird, so können die verschiedenen Lichtintensitäten, die das Bild aufbauen, aufgezeichnet und sichtbar gemacht werden. Wenn die nichtbelichteten Teile des Aufnahmematerials unempfindlich gemacht oder entfernt werden, gewinnt diese Aufzeichnung bleibenden Charakter.

In der Geschichte der Fotografie hat man von vielen lichtempfindlichen Substanzen Gebrauch gemacht, aber die am häufigsten verwendeten waren und sind die Silberhalogenide – Silberchlorid, Silberbromid, Silberjodid. Die frühesten Erfinder arbeiteten Verfahren aus, die kein Silber verwendeten; aber da die Silberverfahren als erste praktische Bedeutung erlangten, werden sie hier ausführlicher beschrieben. Es ist jedoch anzumerken, daß alle Verfahren, die von den Pionieren der Fotografie ins Auge gefaßt wurden, früher oder später auch praktische Bedeutung in dieser oder jener Form erlangten.

Silberhalogenide werden dunkel, wenn man sie dem Licht aussetzt, weil sie sich aufspalten in kleinverteilte Partikel von metallischem Silber und Halogeniden. Diese Reaktion tritt nicht nur bei der Einwirkung von Licht ein, sondern auch beim Auftreffen von Strahlen, die unterhalb der Sichtbarkeitsgrenze im elektromagnetischen Spektrum liegen. Infolgedessen sollten wir richtigerweise davon sprechen, daß Silbersalze strahlenempfindlich (und nicht lediglich lichtempfindlich) sind.

Solange die Fotografie darauf beruhte, daß Silbersalze durch Bestrahlung direkt zu Silber reduziert wurden (ein Vorgang, den die fotografische Fachsprache „Auskopierprozeß" nennt), ergaben sich viel zu lange Belichtungszeiten, als daß diese Technik praktischen Wert gehabt hätte. Recht früh schon entdeckte man, daß bereits viel kürzere Belichtungszeiten gewisse Veränderungen in den Silbersalzen bewirkten, die durch chemische Nachbehandlung ebenfalls zur Silberreduktion führten. Dieser grundlegend wichtige Vorgang ist ein Phänomen, das sich vielleicht mit der Verstärkung schwacher, vom Ohr nicht wahrnehmbarer Radiosignale zu Tönen und Sprache vergleichen läßt. Das Ausmaß der Verstärkung ist sehr hoch: Sofern nur einige Silberhalogenid-Moleküle vom Licht reduziert wurden, können durch die Entwicklung zehn Millionen mehr reduziert werden. Diese Entdeckung, nämlich der Entwicklung des „latenten Bildes", war die Geburtsstunde der modernen Fotografie.

Am Schluß dieser kurzen Vorbemerkung will ich nicht versäumen, allen zu danken, die mir bei meinem Vorhaben geholfen haben: Cyril J. Staud, Präsident des *George Eastman House,* vormals Vizepräsident und Forschungsleiter der *Eastman Kodak Company,* und Arnold Weissberger, Berater bei der gleichen Firma, die mir behilflich waren, die Theorie der fotografischen Verfahren zu beschreiben, so wie sie in der Arbeit der Erfinderpioniere eine Rolle spielt; D. B. Thomas vom

Science Museum in London und Mme J. Boichard vom *Kodak-Pathé-Museum* in Vincennes für die Besorgung von Reproduktionen der in ihrer Obhut befindlichen Dokumente; dem *Science Museum,* dem *Metropolitan Museum of Art,* New York, und dem *Conservatoire National des Arts et Métiers,* Paris, für die Genehmigung zur Wiedergabe seltener Fotografien der Frühzeit aus ihrem Besitz; Louis Henderson und Pam Reed, die meine Manuskripte entzifferten und tippten. Ganz besonders aber gilt mein Dank Nancy Newhall, meiner Frau und Kollegin, für ständige Ermunterung, für Kritik und redaktionelle Hilfe.

Es ist mir eine besondere Freude, daß gerade dieses Buch nun auch in einer deutschsprachigen Ausgabe veröffentlicht wird.

Der Herausgeber der Buchreihe, Bernd Lohse, hat nicht nur die Übersetzung besorgt, sondern durch die Erweiterung des Bildteils die Eindruckskraft und den Informationswert des Buches wesentlich verstärkt. Statt der 29 Abbildungen, welche die Originalausgabe enthält, präsentiert sich nun die mehr als dreifache Anzahl. Die Wahl und Beschaffung der zusätzlichen Illustrationen sowie ihre Kommentierung sind Bernd Lohses Werk, und auch dafür danke ich ihm. *Beaumont Newhall*

Vorbemerkung zur deutschen Ausgabe

Ist es Ihnen ähnlich ergangen wie mir? Da hat man sich schon immer interessiert für die Geschichte der Fotografie – und natürlich insbesondere für ihre ersten Anfänge. Für jene anderthalb bis zwei Jahrzehnte also, in denen – fast könnte es scheinen: blindlings – nach allen möglichen Richtungen empirisch gepröbelt wurde. Aber so richtig klar und einsichtig wurde eigentlich nie, was da geschah.

Blieb da nicht auch bei Ihnen eine Reihe von Fragen gewissermaßen in der Luft hängen: War er nun wahrhaft ein Bösewicht, dieser Daguerre, der den eigentlichen Erfinder sachte, aber nachdrücklich auszubooten verstand? War er wirklich ein engherziger, neidhafter Patentschinder, der reiche Landedelmann und Privatgelehrte Talbot? Ist der Finanzbeamte Bayard tatsächlich der eigentliche Verlierer im Wettstreit um den jeweiligen Ruhmesanteil an der Erfindung? Und was hat man sich, wenn man vom heutigen Stand der Fototechnik aus zurückblickt, konkret vorzustellen – chemisch wie handwerklich – unter den verschiedenen Verfahren? Die wechselnden Namen allein, welche die Tüftler ihren Erfindungen gegeben hatten, ehe das Wort Fotografie sich allgemein durchsetzte, verstellen ja allenthalben dem Chemielaien den Blick auf den Kern der Sache: den jeweils so ganz andersartigen Vorgang, der sich da abspielte.

Ohne Skrupel bekenne ich mich zu solch diffusem Charakter meiner lange gehegten Vorstellungen, denn ich weiß aus manchem Gespräch, daß es Freunden, die ich einigermaßen versiert glaubte, nicht viel anders als mir erging . . .

Bis ich eines Tages, wegen einer Operation ans Bett gefesselt, zum Büchlein *Latent Image* griff, das mir Freund Newhall bei einem Besuch als Geschenk zurückgelassen hatte; nun war Zeit genug, es geruhsam aufzunehmen.

Spontan kritzelte ich auf dem Behelfstischchen am Krankenbett ein paar Zeilen, in denen ich Newhall von der Freude berichtete, die mir die Lektüre bereitet hatte. Ich schloß die Frage an, ob es ihm recht sei, wenn ich mich bemühte, eine Ausgabe in deutscher Sprache zustande zu bringen.

Wenige Tage später war die Antwort da: „Ja, das wäre fein. Denn dieses ist für mich mein liebstes Buch.“ (Wozu man wissen muß, daß Newhall, der bedeutende Pionier der Fotogeschichte in unserem Zeitalter, mehr als ein Dutzend Bücher verfaßt hat – und fast alle sind stattlicher als *Latent Image*.)

Dies also die Vorgeschichte der Entstehung dieses Buches. Zur Gestaltung ist lediglich zu bemerken, daß ich Newhalls Anregung, meinerseits dort Ergänzungen anzubringen, wo es um die Geschehnisse in den deutschsprachigen Ländern geht, nicht gefolgt bin. Denn wer wollte sich schon in einen Newhall-Text einmischen?

Wohl aber habe ich dem zugrunde liegenden Gedanken, den ich dankbar anerkenne, dadurch Rechnung getragen, daß ich, ohnehin um eine Erweiterung des in der Originalausgabe etwas kargen Bildteils bemüht, dabei insbesondere deutsche Beispiele herangezogen und sie mit entsprechenden Legenden versehen habe. Besonderen Dank für bereitwillige und prompte Hilfe bei solcher Bildbeschaffung schulde ich dem Agfa-Gevaert-Foto-Historama in Leverkusen, dessen Schätze Klaus op ten Höfel betreut, und der Fotoabteilung des Deutschen Museums in München unter Herrn Horst Tietzel. In ähnlichem Sinne bin ich Mr. John Ward vom Science Museum in London verpflichtet.

Weiterhin gebührt Dank für mancherlei Hilfe und Rat Prof. Margaret Harker (London) und Mme Christiane Roger (Paris) sowie den Herren Hans C. Adam (Göttingen), Ditmar Albert (München), Dr. Walter Boje (Leichlingen), Uwe Breker (Köln), Christian Diener (München), Helmut Gernsheim (Castagnola), Fritz Kempe (Hamburg), Boris Kossoy (São Paulo), Dr. Rolf H. Krauss (Stuttgart), Dieter Lübeck (Herrsching), Dr. Gerhard Mikulaschek (Leverkusen), Eugene Ostroff (Washington), Josef Pokorny (Stuttgart), Marian Schwabik (München), Prof. Dr. Otto Steinert (Essen), Dr. Karl Steinorth (Stuttgart), Urs Tillmanns (Schaffhausen), Johann Willsberger (Hamburg) und Dr. Adolf Wissner (München).

Schließlich ein Wort zur Zielsetzung der Buchreihe, deren erster Band das vorliegende Werk ist. Diese am besten wohl „Studienausgaben“ genannten Bücher sollen – angesichts eines deutlich sich manifestierenden Bedürfnisses – Basiswissen zur Fotohistorie vermitteln. Lebendige Verdeutlichung in Bild wie Wort ist das Ziel – ohne pedantische Systematisierung der Thematik, ohne einen selbstauferlegten Zwang zur Uniformität in Umfang, Tonart oder Gestaltung. So wie die Themen sich bieten, soll ihnen Gerechtigkeit werden. *Bernd Lohse*

Kapitel I

Das Geheimnis des Monsieur Daguerre

Am 6. Januar 1839 berichtete die Pariser Zeitung *Gazette de France* über „eine wichtige Erfindung, die M. Daguerre gemacht hat, der berühmte Maler und Besitzer des Diorama. Seine Entdeckung erscheint wie ein unglaubliches Wunder. Sie spricht allen wissenschaftlichen Theorien über Licht und Optik Hohn und verspricht, falls sie sich bewahrheitet, eine wahre Revolution in den malerischen Künsten zu bewirken.
M. Daguerre hat eine Methode entdeckt, mit welcher er die Bilder, die sich in einer Camera obscura zeigen, fixieren kann – so daß also diese Bilder nicht lediglich eine vorübergehende Reflexion der natürlichen Gegenstände sind, sondern eine dauerhafte Wiedergabe derselben, die man ebenso nach Hause tragen kann wie ein Gemälde oder einen Kupferstich.
Unsere Leser mögen sich bitte vorstellen, wie getreu das Bild der Natur von der Camera obscura wiedergegeben wird, und nun kommt dazu der Einfluß der Sonnenstrahlen, welche dieses Bild fixieren – mit allen Abstufungen von Lichtern, Schatten und Mitteltönen! Dann haben sie eine Vorstellung der wunderschönen Bildwiedergaben, deren Anblick M. Daguerre unserer Neugierde gegönnt hat . . .
In der Wiedergabe der unbelebten Natur oder aber von Baukunstwerken liegen die Triumphe der Apparatur, deren Erzeugnisse M. Daguerre nach seinem eigenen Namen zu benennen beabsichtigt: *Daguerotype[sic].*“

Auf solche Weise hörte die Welt zum erstenmal von jenem Verfahren, das bald den Namen Fotografie empfangen sollte. In der Ankündigung wurde berichtet, daß Daguerre polierte Metallplatten verwendete und daß er in drei Minuten Ansichten von Pariser Boulevards oder vom Seine-Fluß produzieren könne, „die ein so getreues Abbild vermitteln, wie nur die Natur selbst sie ihren Werken geben kann“. Die *Gazette de France* berichtete weiterhin, die Erfindung berge so immense Möglichkeiten in sich, daß sie von drei Mitgliedern der *Académie des Sciences* untersucht werden sollte: von dem Astronomen François Arago, dem Physiker Jean Baptiste Biot und dem Naturforscher Alexander von Humboldt.

Das Diorama

Louis Jacques Mandé Daguerre gründete im Jahr 1822 zusammen mit Charles-Marie Bouton das „Diorama“, das man am besten als Theater ohne Schauspieler

Louis Jacques Mandé Daguerre (1787–1851). Daguerreotypie von Jean Baptiste Sabatier-Blot, 1844. International Museum of Photography, Rochester.

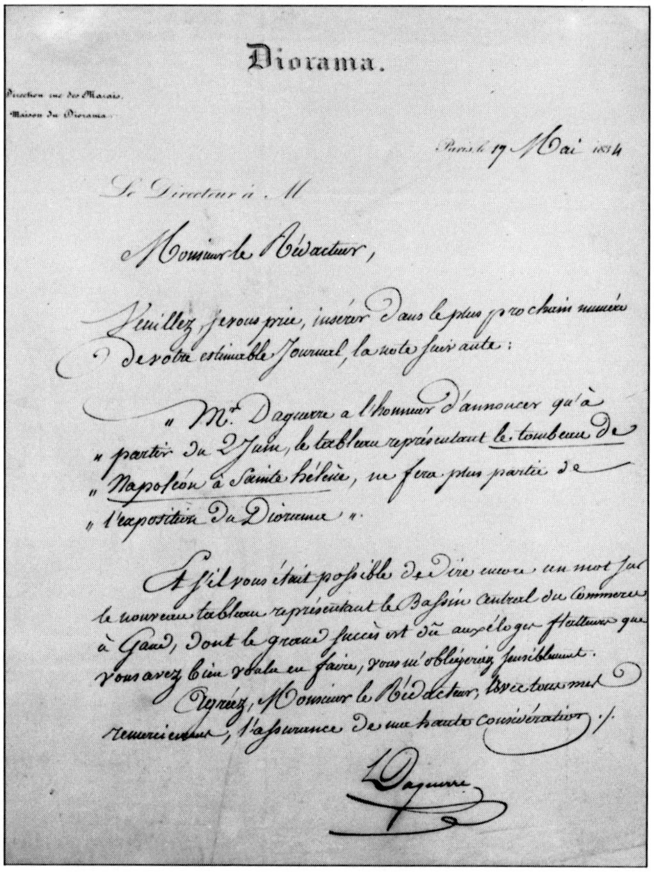

Diorama.

Direction rue des Marais.
Maison du Diorama.

Paris le 17 Mai 1834

Le Directeur à M

Monsieur le Rédacteur,

Veuillez, je vous prie, insérer dans le plus prochain numéro de votre estimable Journal, la note suivante :

« Mr Daguerre a l'honneur d'annoncer qu'à « partir du 2 Juin, le tableau représentant le tombeau de « Napoléon à Sainte hélène, ne fera plus partie de « l'exposition du Diorama ».

S'il vous était possible de dire encore un mot sur le nouveau tableau représentant le Bassin central du Commerce à Gand, dont le grand succès est dû aux éloges flatteurs que vous avez bien voulu en faire, vous m'obligeriez sensiblement.

Agréez, Monsieur le Rédacteur, avec tous mes remerciements, l'assurance de ma haute considération.

Daguerre

Ein Werbebrief Daguerres von 1834, in welchem er den Redakteur einer Pariser Zeitung um die Veröffentlichung einer Nachricht über den Programmwechsel im Diorama bittet. Foto-Historama, Leverkusen.

bezeichnen kann. Durch komplizierte Lichteffekte, die riesige Bilder auf drei getrennten Bühnen beleuchteten, wurden außergewöhnliche Illusionen geschaffen. Die Zuschauer bezahlten zwei oder drei Francs Eintrittsgeld. Dafür wurden sie wie durch Zauberei in ein Schweizer Gebirgstal versetzt – oder ins Innere der Kathedrale von Canterbury – oder zum Grab Napoleons auf St. Helena – sowie zu anderen berühmten Gedenkstätten und Panoramen. Durch die Beleuchtungseffekte wurden die Bilder, deren Ausmaße jeweils ca. 14 × 22 m betrugen, während der Betrachtung ständig verändert. Der Zuschauer konnte kaum glauben, daß er bemalte Leinwand vor sich hatte und nicht die Natur selbst. Der illusionistische Effekt der Gemälde wirkte sich besonders verblüffend aus, wenn die Betrachter Münzen in den scheinbar tiefen Raum warfen, diese aber, von der Leinwand abprallend, auf die Bühne niederfielen . . . In einigen der späteren Diorama-Vorführungen kam noch hinzu, daß ein Bild in das andere überging: Ein Alpendorf etwa wurde von einer Lawine hinweggefegt; Dunkelheit erfüllte eine Kirche, Kerzen wurden angezündet, die Gläubigen kamen zur Mitternachtsmesse – und dann erglänzten die Farben der Glasfenster im Licht der Morgensonne. Zwei Vorführungen waren jeweils vorgesehen. Der Zuschauerraum war kreisförmig und rotierte während der Vorführungen (Abb. rechts). Die Zuschauer aber hatten den Eindruck, als bewegten sich die Theaterwände selbst in dem Maße, wie der Blick des Betrachters von einer Szenerie zur anderen wanderte.

Die außerordentliche Wirkung dieser illusionistischen Vorführungen beruhte auf der höchst genauen Perspektive, die in den Gemälden eingehalten wurde. Das wurde dadurch möglich, daß sowohl Daguerre als auch sein Partner Bouton eine Camera obscura als Hilfe bei ihren Entwürfen benutzten.

Solche Instrumente waren während der vorangegangenen zwei Jahrhunderte bei Künstlern allgemein im Gebrauch gewesen. Canaletto zum Beispiel benutzte eine derartige Kamera, um seine so wunderbar detailreichen Architekturszenen von Venedig im 18. Jahrhundert herzustellen. Es sind überzeugende Nachweise dafür vorhanden, daß der holländische Maler Jan Vermeer (18. Jh.) eine Camera obscura benutzte, wenn er seine reizvollen Interieurs schuf. Eine solche von Malern benutzte Kamera war ganz einfach ein Kasten mit einer Linse an einem Ende und einem Spiegel im Inneren, der im Winkel von 45 Grad eingesetzt war. Dieser Spiegel warf (s. Abb. S. 21) das von der Linse bewirkte Bild auf eine Mattscheibe im Oberteil des Kastens, von der ein Lichtschacht das Fremdlicht fernhielt. Der Künstler konnte das Bild auf der Mattscheibe studieren, während er malte. Wenn er eine Aufzeichnung fürs Gedächtnis brauchte, so konnte er durchsichtiges Papier auf die Mattscheibe legen und das Bild mit einem Bleistift im Umriß festhalten.

Ein Spiegel mit Gedächtnis

Die Fotografie ist im Grunde eine Technik, welche das in der Kamera entworfene Bild mit chemischen Mitteln festhält oder, wie Daguerre das nannte, es „durch die spontane Wirkung des Lichts“ entstehen läßt – und nicht mit Hilfe der Hand. Rückblickend erscheint das Verfahren, das er ausarbeitete, verhältnismäßig einfach: Die

Silberseite eines versilberten Kupferplättchens wurde glanzpoliert und dann an der inneren Oberseite eines Kastens angebracht, in welchem sich Jodpartikelchen befanden. Die Joddämpfe, die sich bei Zimmertemperatur entwickelten, erzeugten lichtempfindliches Silberjodid, wenn sie mit dem Silber in Kontakt kamen. Die Platte kam dann in ein lichtdichtes Behältnis, das an der Rückseite der Kamera angebracht wurde, und zwar so, daß nun die Silberplatte genau die Position der Mattscheibe einnahm (s. Abb. S. 78/79). Durch ein Hebelsystem wurde der Deckel dieser Plattenkassette innerhalb der Kamera geöffnet. Ein Messingdeckel befand sich vor der Linse; dieser konnte abgenommen werden, um die Platte dem Licht während jener Minuten auszusetzen, die notwendig waren, damit das Licht die chemische Reaktion bewirken konnte.

Nach der Belichtung wurde die Platte im Dunkeln herausgenommen und, Silberseite nach unten, über erhitztem Quecksilber angebracht (siehe Abb. S. 46). Die Quecksilberdämpfe schlugen sich auf jenen Teilen der Silberplatte nieder, die Licht empfangen hatten, und es entstand ein weißliches Amalgam. Das Silberjodid, das nicht belichtet worden war, wurde mit einer Lösung jenes chemischen Stoffes herausgewaschen, den wir heute Natriumthiosulfat (oder schlicht: Fixiersalz) nennen. Nach kurzem Abspülen in Wasser wurde die Platte

In Daguerres Pariser Diorama. Ein Holzstich aus dem Buch von Gaston Tissandier „Les Merveilles de la Photographie" zeigt anschaulich das Funktionieren dieses überaus populären Spektakels. Große Panoramen, auf durchscheinenden Stoff gemalt, bewirkten durch raffinierte Beleuchtungseffekte die Illusion wechselnder Naturstimmungen. Deutsches Museum, München.

Eine der frühen Daguerreotypien, mit denen Daguerre vor der öffentlichen Bekanntgabe der Erfindung bei Gelehrten, Politikern und Künstlern für sein Verfahren Interesse und Unterstützung zu gewinnen suchte. Das großformatige Bild (13,0 × 16,5 cm) zeigt einen Pariser Boulevard und entstand wahrscheinlich 1838 oder Anfang 1839. Daguerre machte es König Ludwig I. von Bayern zum Geschenk. Bayerisches Nationalmuseum/Stadtmuseum, München.

Unten: Der vergrößerte Ausschnitt aus nebenstehendem Bild gilt als die wohl früheste fotografische Menschendarstellung. Die Figur, die man als den Kunden eines Schuhputzers oder auch als Helfer an einer Tränkstelle für Wagenpferde zu deuten versucht hat, hat sich als einzige vom ganzen Wirbel des Boulevardlebens während der Belichtungszeit von mehreren Minuten im Abbild fixiert. Eine noch kühnere, aber nicht unplausible Vermutung sieht in der Figur einen Freund des showbusiness-erfahrenen Daguerre, den dieser vielleicht um ein Experiment im Stillhalten gebeten hatte . . .

langsam und mit großer Sorgfalt über einer Alkoholflamme getrocknet.

Eine Daguerreotypie ist buchstäblich „ein Spiegel mit Gedächtnis", um Oliver Wendell Holmes zu zitieren. Auf der spiegelglatten Oberfläche der Silberplatte werden die Spitzlichter der festgehaltenen Szene durch das adsorbierte weißliche Quecksilberamalgam aufgezeichnet. Die Schatten, die sich im Motiv befanden, haben keine chemische Einwirkung auf der Platte hervorgerufen, infolgedessen hat diese an jenen Stellen keinen Belag. Hält man nun eine solche Daguerreotypie mit ihrer glänzenden Seite gegen eine dunkle Fläche, dann erscheint das Amalgam weiß, die Schattenpartien des Objekts wirken demgegenüber dunkel. Befindet sich jedoch eine helle Fläche der Silberseite gegenüber, so kehren sich die Verhältnisse um: das Bild erscheint negativ. Es ist also nicht korrekt, dieses Verfahren der Daguerreotypie einen „direkten Positivprozeß" zu nennen, denn je nach Beleuchtung kann das Erscheinungsbild entweder positiv oder negativ sein.

Ein Vorschlag an die Académie des Sciences

Als die *Gazette de France* die Daguerreotypie zum erstenmal 1839 erwähnte, waren die technischen Details, die eben geschildert wurden, noch Daguerres Geheimnis. Immerhin hatte er bereits Ergebnisse seiner Erfindung öffentlich ausgestellt, und er hatte die Absicht, Gebrauchsanweisungen auf Subskription zu vertreiben. Zu diesem Zweck hatte er einen Prospekt drucken lassen. Als er Arago kennengelernt hatte, ließ er jedoch diesen Plan fallen, denn der Gelehrte hatte Daguerre gegenüber die Meinung geäußert, daß das Verfahren von der französischen Regierung angekauft werden sollte. Als Direktor der Pariser Sternwarte und ständiger Sekretär der *Académie des Sciences* genoß Arago großen Ruf in der Welt der Wissenschaft. Außerdem war er Abgeordneter des Parlaments für das Department der *Pyrénées-Orientales,* hatte also auch politischen Einfluß. Infolgedessen war er besonders gut in der Lage, Daguerres Pläne zu fördern. Er nahm Unterricht in der Anfertigung von Daguerreotypien – er wußte also, wovon er sprach, als er am 7. Januar die *Académie des Sciences* in das Geheimnis einweihte.

Arago erläuterte, daß Daguerre „spezielle Platten" erfunden habe, „auf denen alles, was an Einzelheiten im Motiv enthalten ist, sich bis zum winzigsten Detail wiedergegeben findet . . . Mit einem Wort, in Daguerres Kamera erzeugt das Licht selbst aufs neue die Formen und Proportionen, welche die Gegenstände außerhalb aufweisen, und zwar mit einer nahezu mathematischen Präzision: Die Lichtwertverhältnisse der verschiedenen weißen, schwarzen und grauen Motivteile werden exakt wiedergegeben. Allerdings müssen Rot, Gelb, Grün usw. durch Halbtöne vertreten werden, denn das Verfahren schafft Zeichnungen, nicht farbige Gemälde."

Die Bilder, welche Daguerre Arago und den anderen Wissenschaftlern zeigte, waren Ansichten von Paris: der Louvre, die Ile de la Cité, die Kathedrale Notre Dame, die Seine und ihre Brücken. „Alle diese Bilder", sagte Arago, „kann man mit einem Vergrößerungsglas ansehen, ohne daß sie ihre Feinheit verlieren – wenigstens bei jenen Objekten, die sich nicht bewegten, während die Bilder sich in Entstehung befanden." Die Belichtungszeit variierte; im Sommer zur Mittagsstunde „genügen acht oder zehn Minuten".

Daguerre hatte nicht nur ein Material von wesentlich größerer Lichtempfindlichkeit als alle bis dahin bekannten entdeckt – insbesondere hatte er auch einen Weg gefunden, die nicht entwickelten Bildteile lichtunempfindlich zu machen. Setzte man also seine entwickelten und fixierten Platten nochmals dem Licht aus, so konnte das Bild dadurch nicht zum Verschwinden gebracht werden. Arago sagte nichts über Daguerres Technik außer der Mahnung, man solle das Verfahren nicht mit den „unvollkommenen Versuchen" verwechseln, Silhouetten auf Chlorsilber zu erzeugen. „Jenes Salz ist weiß", erläuterte Arago, „Licht schwärzt es; der weiße Teil des Bildes wird dann also schwarz, während die dunklen Partien demgegenüber weiß bleiben. Auf Daguerres Platten hingegen entspricht die Wiedergabe den Verhältnissen des Objekts: Weiß erscheint weiß, Halbtöne werden wiederum Halbtöne, und schwarz ist schwarz."

Neben den offenkundigen Möglichkeiten, die das Verfahren für das Festhalten von Architekturbildern bot, meinte Arago, daß es auch Wissenschaftlern und Astronomen ein neues Werkzeug in die Hand gebe. Die Angehörigen der Wissenschafts-Akademie waren verblüfft, daß Daguerres Platten selbst für das schwache Licht des Monds empfindlich waren. Sie prophezeiten, daß das Verfahren sich auch besonders nützlich für die Fotometrie auswirken könne.

Arago erläuterte seinen Kollegen weiterhin, daß die Erfindung das Werk langer Jahre geduldiger Arbeit sei, während deren sich Daguerre der Hilfe eines Freundes und Miterfinders bedient hätte, des verstorbenen Mon-

sieur Niépce. Als Daguerre sich den Kopf darüber zerbrach, wie er am besten aus seiner Entdeckung Nutzen ziehen könne, fand er bald heraus, daß ein Patent sinnlos wäre. Denn wenn das Geheimnis einmal bekanntgegeben wäre, dann könnte jedermann Gebrauch von dem Verfahren machen.
„Infolgedessen erscheint es unerläßlich", schloß Arago seinen Vortrag, „daß die Regierung Herrn Daguerre direkt entschädigt. Dann sollte Frankreich auf edle Weise der ganzen Welt diese Entdeckung, die so Großes beitragen kann zum Fortschritt der Künste und der Wissenschaften, frei zur Verfügung stellen."

Die Tatsache, daß die *Académie des Sciences* sich so ernsthaft mit der Daguerreotypie beschäftigte, erregte sogleich die Neugier von Wissenschaftlern, Künstlern und Laien. Jedermann, so hatte man den Eindruck, wünschte Daguerres Geheimnis kennenzulernen, um Bilder machen zu können, für die nicht Jahre künstlerischer Studien notwendig waren – so wie bis dahin als unabdingbar betrachtet.
Für einige Menschen aber war der Bericht von ganz besonderer, von elektrisierender Wirkung, denn auch sie hatten ähnliche Experimente durchgeführt. Sie beeilten sich, ihre Prioritätsansprüche anzumelden.

Kapitel II

Das Dilemma des Mr. Talbot

Am 29. Januar 1839 schrieb William Henry Fox Talbot, ein englischer Wissenschaftler von internationalem Ruf, identische Briefe an die drei Mitglieder der Kommission, welche von der französischen *Académie des Sciences* gebildet worden war, um die Erfindung Daguerres zu prüfen: Arago, Biot und Humboldt. Talbot schrieb diesen Brief in französischer Sprache, die er gut beherrschte; hier die Übersetzung:

Sehr geehrte Herren!
In einigen Tagen werde ich mir erlauben, bei der Académie meinen formalen Anspruch geltend zu machen für die Priorität der zwei wesentlichen Kennzeichen der Erfindung, die von Monsieur Daguerre angekündigt worden ist:

1. *Das Festhalten von Bildern mit Hilfe der Camera obscura.*
2. *Die anschließende Haltbarmachung der Bilder, so daß sie dem Licht ausgesetzt werden können.*

Da ich im Augenblick überaus beschäftigt bin mit der Abfassung einer Denkschrift zu diesem Thema, welche übermorgen bei der Royal Society verlesen werden wird, muß ich mich darauf beschränken, Sie zu bitten, den Ausdruck meiner Hochachtung entgegenzunehmen.
H. F. Talbot
Mitglied der Royal Society of London

Talbot wurde in Melbury, Dorset, am 11. Februar 1800 geboren. Seine Eltern waren William Davenport Talbot und Lady Elisabeth Fox Strangways. Er hat seinen Vater, der im Juli jenes Jahres starb, nie gekannt. Mit sechs Monaten also erbte Henry, wie er in der Familie genannt wurde, Lacock Abbey im Dorf Lacock nahe Bath. Diese Grundherrschaft, die im 13. Jahrhundert von der Gräfin Ela von Salisbury begründet worden war, war in den Besitz der Familie Talbot gekommen, als John Talbot die Nichte von Sir William Sharrington heiratete; ihr hatte König Heinrich VIII. diesen Besitz geschenkt. Talbot, der ihn geerbt hatte, war dadurch fast von Geburt an finanziell völlig unabhängig.
Von guter Erziehung und umfassender Ausbildung, wurde Talbot, seinen Neigungen entsprechend, ein ausgezeichneter Wissenschaftler. Als Student an der Universität Cambridge erhielt er den Porson-Preis für seine Übersetzung von Shakespeares *Macbeth* in griechische Verse. Seine Abschlußprüfung bestand er 1821 *cum laude.* 1832 wurde er als Mitglied in die *Royal Society* berufen – das britische Gegenstück zur französischen *Académie des Sciences.* Das war eine nicht geringe Ehre,

William Henry Fox Talbot (1800–1877). Ausschnitt aus einer Daguerreotypie von Antoine Claudet, der eine Lizenz des Talbot-Verfahrens für England erworben hatte. Um 1845. Royal Photographic Society, London.

Eine Landschaftsskizze, die Talbot 1833 nahe Bellagio (Comer See) auf einer seiner Italienreisen zeichnete, wahrscheinlich mit Hilfe einer Camera lucida (siehe Abbildung der übernächsten Seite). Royal Photographic Society, London.

denn die *Society* war die älteste wissenschaftliche Körperschaft in England, und jeder Bewerber um die Mitgliedschaft mußte sechs Befürworter haben. In jedem Jahr wurden lediglich fünfzehn Mitglieder berufen.

Talbots Leistungen

Talbot hatte die Idee, die ihn zu seiner Erfindung führte, während einer Urlaubsreise, die er mit seiner Frau 1833 an die oberitalienischen Seen unternahm. Er hatte das Bedürfnis, Bilder der malerischen Landschaften festzuhalten, aber er war kein Künstler – infolgedessen versuchte er, mit Hilfe einer *Camera obscura* (die genau der von Daguerre benutzten glich) Zeichnungen anzufertigen (siehe Abb. S. 20). Aber Talbot hatte – anders als der französische Maler – weder Erfahrung noch Fertigkeit im Zeichnen. Er fand heraus, daß es nicht so einfach war, wie es ihm erst erscheinen wollte, das Bild nachzuzeichnen, „weil der Druck von Hand und Bleistift auf das Papier dazu führt, daß der Apparat wackelt und seine Stellung verändert [aller Wahrscheinlichkeit nach, weil er nicht hinreichend feststand, während eine flüchtige Skizze am Wegesrand oder aus einem Gasthausfenster versucht wurde]; und wenn das Instrument einmal verrutscht ist, kann man es nur mit größter Schwierigkeit wieder so aufstellen, daß es genau in die frühere Richtung zielt". Besser gelang ihm sein Vorhaben mit einer *Camera lucida.* Diese ist in Wirklichkeit nicht eine Kamera, sondern ein vierseitiges Glasprisma, das mit einer Messinghalterung oberhalb eines Blatts Zeichenpapier angebracht wird. Wenn man von oben in das Prisma schaut, so erscheint die Landschaft, als sei sie auf

Das Prinzip der Camera obscura, Urform des fotografischen Apparats, war Jahrhunderte hindurch bekannt, ehe es gelang, die von ihr erzeugten Bilder mit chemischen Mitteln festzuhalten. Oben: Eine als tragbares Gehäuse ausgebildete Camera obscura von Athanasius Kircher (1646). The Science Museum, London. Unten: Eine Nachbildung jener Camera obscura, die Talbot auf seinen Reisen benutzte. International Museum of Photography, Rochester.

das Zeichenpapier projiziert; man kann sie also dort mit einem Bleistift nachzeichnen. Diese Vorrichtung wird noch heute von Berufszeichnern benutzt.

Obwohl die Camera obscura ihn also in der praktischen Benutzung enttäuscht hatte, blieb die Schönheit der Bilder, die er auf der Mattscheibe gesehen hatte, doch nachdrücklich in seiner Erinnerung haften: „Märchenhafte Bilder, aus dem Augenblick geboren – und bestimmt, ebenso rasch zu entschwinden." Es müßte, so stellte er sich vor, ein wirksameres Mittel als den „ungetreuen Zeichenstift" geben, um diese flüchtigen Bilder festzuhalten. Er überlegte, daß „das Bild nichts anderes darstellt als eine Abstufung hellerer Lichter auf einem Teil des Papiers und dunklerer Schatten auf anderen Teilen. Nun kann aber Licht, dort wo es existiert, eine Wirkung hervorbringen ... Wenn man nun einmal annimmt, das Papier könnte sichtbar verändert werden vom Licht ..." Als er nach England zurückgekehrt war, entschloß er sich, Experimente in Verfolgung solcher Gedanken anzustellen.

Im folgenden Jahr arbeitete Talbot eine Methode aus, Papier mit Silberchlorid lichtempfindlich zu machen. Er brachte solches Papier in kleinen Kameras an und erzielte – mit Belichtungen, die Stunden dauerten – Negative. Diese waren sehr klein und sehr unvollkommen. In diesem Stadium blieben seine Versuche stecken;

offensichtlich deshalb, weil er sich mit Forschungen auf einer ganzen Reihe von Gebieten befaßte, die von Optik, Mathematik und Botanik bis zu Archäologie und Etymologie reichten.
Er interessierte sich besonders intensiv für das Phänomen der Polarisation des Lichtes und unterbreitete der *Royal Society* zwei Abhandlungen zu diesem Thema. Sir David Brewster, der schottische Physiker, war von Talbots Mikro-Polariskop so beeindruckt, daß er 1837 seine „Abhandlung über das Mikroskop" *(Treatise on the Microscope)* ihm widmete. „Wenn ich Ihren Namen vorn in dieses kleine Buch setze", so schrieb Brewster, „so kann ich damit nur sehr unvollkommen der Bewunderung Ausdruck geben, die ich für Ihre wissenschaftlichen Leistungen hege und für die Intensität, mit der Sie Ihr Vermögen und Ihre Talente den edelsten Zwecken widmen, zu denen man sie gebrauchen kann."
Im darauffolgenden Jahr erhielt Talbot weitere Anerkennung. Von der *Royal Society* wurde er mit ihrer vielbegehrten *Royal Medal* ausgezeichnet, und zwar für seine Abhandlung „Forschungen zur Integralrechnung" *(Researches on the Integral Calculus)*. Während dieser ganzen Zeitspanne war er in regelmäßigem Schriftwechsel mit dem italienischen Botaniker Antonio Bertollini; weiterhin schrieb er die erste Hälfte des Buches *Hermes; or, Classical and Antiquarian Researches* – eines überaus gelehrten Werkes, in dem es von Originalzitaten in griechischer, lateinischer, hebräischer, französischer und deutscher Sprache nur so wimmelte.

Eine öffentliche Ankündigung

Im Winter des Jahres 1839 nun, aufgeschreckt durch die Nachrichten aus Paris, ließ Talbot seine fotografischen Interessen in aller Hast wiederaufleben und beeilte sich, einen Prioritätsanspruch geltend zu machen. Er befand sich, so erinnerte er sich später, „in einem sehr ungewöhnlichen Dilemma (wie es selten seinesgleichen in den Annalen der Wissenschaft hat): denn es drohte mir der Verlust all meiner Anstrengungen, falls das Verfahren des Monsieur Daguerre sich als identisch mit dem meinen erweisen sollte – und falls er es in Paris veröffentlichen sollte, bevor ich es hier tun kann."

1.

2.

3.

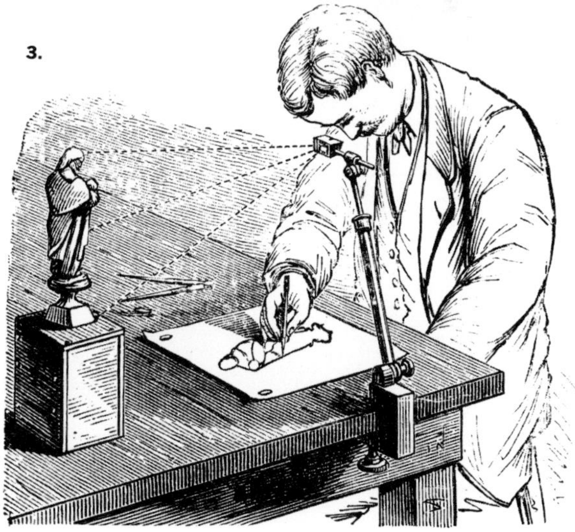

Rechts: Zwei Abarten der Camera obscura (Zeichn. 1 und 2), wie im Text beschrieben, und eine Camera lucida (3). Sie dienten den Künstlern als Hilfsmittel für perspektivisch naturgetreue Darstellungen, bevor die Fotografie erfunden wurde. International Museum of Photography, Rochester.

In aller Eile suchte er Musterbilder zusammen von jenen Arbeiten, die er *photogenic drawings* (fotogenische Zeichnungen) nannte, und sandte sie an die *Royal Institution* – mit der Aufforderung, man möge sie öffentlich zeigen. Diese Organisation, die Graf Rumford 1799 gegründet hatte, widmete sich der Aufgabe, die Wissenschaft populär zu machen; der Direktor ihres Laboratoriums war der renommierte Wissenschaftler Michael Faraday, und viele wichtige Entdeckungen waren in ihrem Vortragssaal verkündet worden. Als die regelmäßige Freitagssitzung am 25. Januar sich dem Ende näherte, gab Faraday sowohl die Entdeckung Talbots als auch die von Daguerre bekannt; er lud die Mitglieder ein, in der Bibliothek Musterbilder, die Talbot übersandt hatte, zu betrachten. Die *Literary Gazette* schrieb: „Die Ausstellung der fotogenischen Zeichnungen hatte als Hauptzweck, bei dieser Gelegenheit ein klares Datum zu etablieren. Dadurch sollte es unmöglich gemacht werden, daß, falls beide Verfahren identisch wären, der Vorwurf einer Nachahmung gegen Mr. Talbot erhoben werden könnte. Und zwar für den Fall, daß Monsieur Daguerres Entdeckung veröffentlicht würde, ehe Mr. Talbot vor der *Royal Society* seine Abhandlung, die sein Verfahren im einzelnen erläutert, verlesen hat.“

Die Kollektion der Musterbilder, so sagte Talbot, bestand aus „Blumen und Blättern; einem Spitzenmuster; Wiedergabe von Glasmalereien; einer Ansicht von Venedig, nach einem Stich kopiert; einigen Bildern, die mit Hilfe des Sonnenmikroskops entstanden, z. B. ein stark vergrößerter Schnitt durch Holz, bei dem zweierlei Poren deutlich unterschieden werden können, wobei die eine Art wesentlich kleiner und zahlreicher als die andere ist. Eine andere mikroskopische Abbildung, welche das Netzmuster eines Schmetterlingsflügels zeigt. Schließlich: verschiedene Bilder, welche architektonische Einzelheiten meines Landsitzes wiedergeben; alle diese entstanden mit Hilfe der Camera obscura im Sommer 1835. – Ich glaube, daß dieses das erste aktenkundige Beispiel dafür ist, wie ein Haus sein eigenes Porträt aufgezeichnet hat.“

Darin irrte er sich, wie wir später sehen werden: Nicéphore Niépce war ihm um ungefähr ein Jahrzehnt darin vorausgegangen. Aber Talbot wußte ebensowenig

Mehrere Modelle jener kleinformatigen Kameras, mit denen Talbot zwischen 1835 und 1839 seine Aufnahmeversuche auf lichtempfindlichem Papier machte. Sie wurden vom Dorfschreiner angefertigt; als Linsen dienten Mikroskop-Objektive. Mrs. Talbot nannte sie „Mausefallen“. Royal Photographic Society, London; The Science Museum, London. Aus Breker, „Antique Cameras 78“.

Eine Teilansicht von Lacock Abbey, Talbots Besitzung in Wiltshire. Diese „fotogenische Zeichnung" sandte Talbot am 21. August 1839 an den italienischen Botaniker Antonio Bertolini. The Metropolitan Museum of Art, New York.

von der Arbeit des Niépce wie von der des Daguerre, als er einen so stolzen Anspruch erhob.
Talbot schloß mit den Worten: „Es handelt sich um etwas wie verwirklichte Magie: natürliches Zauberwerk. Man läßt die Kräfte der Natur für sich arbeiten – und es ist kein Wunder, daß diese Arbeit gut und rasch ausgeführt wird . . . Aber schließlich – was ist die Natur anderes als ein großer Bereich von Wundern, die sich jenseits unseres Fassungsvermögens vollziehen?"

Talbot verliest seine Niederschrift vor der Royal Society

Am 31. Januar, gerade sechs Tage nach der Ankündigung der Erfindung durch Faraday, erhielt die *Royal Society* einen detaillierten Bericht über Talbots Versuche. Die Niederschrift, die vom Sekretär der Gesellschaft vorgelesen wurde, trug den Titel: *Some Account of the Art of Photogenic Drawing* . . . ., auf deutsch: „Bericht über die Kunst des fotogenischen Zeichnens; oder: Die Verfahren, mittels derer erreicht werden kann, daß natürliche Gegenstände sich selbst abzeichnen, ohne daß der Griffel des Künstlers beteiligt ist."
Talbot erläuterte, daß sein erster Plan, als er seine Experimente 1834 begann, darin bestand, „auf einem Blatt Papier eine hinreichende Menge Silbernitrat zu verteilen. Darauf ließ ich einen neben dem Papier angebrachten Gegenstand einen deutlich definierten Umriß auf dasselbe werfen. Das Licht, das auf dem übrigen Papier zur Geltung kam, würde es natürlich schwärzen, während die Teile im Schatten weiß blieben. Ich erwartete, daß auf solche Weise eine Art Abbild hergestellt werden könnte, das bis zu einem gewissen Grad dem Objekt, von dem es sich herleitete, ähnlich

Diese „fotogenische Zeichnung" entstand, indem Talbot die Pflanze auf lichtempfindlich gemachtes Papier legte. Courtesy Harold White.

sein müßte . . . So war meine Grundidee, die dann später erweitert und durch Erfahrung verbessert wurde."

Diese Technik, als Kontaktdruck bekannt, war nicht neu. Sie entsprach einem Verfahren, das Thomas Wedgwood um die Jahrhundertwende ausgearbeitet hatte. Wedgwood, ein Sohn des berühmten Steingutfabrikanten Josiah Wedgwood, hatte herausgefunden, daß er Papier lichtempfindlich machen konnte, indem er es mit Silbernitratlösung bestrich. Wenn er flache Gegenstände oder Glasmalereien mit dem Papier in Kontakt brachte und das Ganze dem Licht aussetzte, so schwärzte sich das Papier – außer dort, wo das Licht durch die aufgelegten Gegenstände oder durch die bemalten Partien des Glases abgehalten wurde. Aber er war nicht in der Lage, ein Mittel zu finden, mit dem er das Papier nach der Belichtung unempfindlich machen konnte – und so verschwanden die Bilder, die „Profile", im selben Maße, wie das verbleibende Silbernitrat nachdunkelte. Wedgwood versuchte auch, das von einer Camera obscura entworfene Bild festzuhalten. Doch hatte er keinen Erfolg.

Diese Experimente wurden in den *Journals of the Royal Institution* publiziert, und zwar im Jahr 1802 durch Wedgwoods Freund und Kollegen, den berühmten Gelehrten Sir Humphry Davy, der in rechter Verzweiflung schrieb: „Es hat sich herausgestellt, daß die mit Hilfe einer Camera obscura produzierten Bilder zu schwach sind, als daß sie innerhalb vernünftiger Zeit Einwirkung auf das Silbernitrat zeigen könnten. Diese Bilder festzuhalten – das war das erste Ziel des Mr. Wedgwood . . . Aber alle seine zahlreichen Versuche, dieses sein unmittelbares Ziel zu erreichen, erwiesen sich als erfolglos."

In seinem Memorandum, das er für die *Royal Society* anfertigte, erkannte Talbot Wedgwoods Prioritätsanspruch an und zitierte zwei Abschnitte aus Davys Bericht. Er sagte, daß er diese Arbeit nicht gekannt habe, als er seine eigenen Experimente begann, daß er aber bereits eine Technik ausgearbeitet hätte, um „das Bild auf solche Weise zu fixieren, daß es nicht mehr beeinträchtigt oder zerstört werden kann", und daß er eine Methode gefunden habe, um das in der Kamera entworfene Bild aufzuzeichnen. Er meinte, es sei ein glücklicher Umstand, daß er nichts von Wedgwoods Mißerfolg gewußt hätte. Denn dann hätte er möglicherweise seine eigenen Absichten aufgegeben, „wenn ein so hervorragend qualifizierter Experimentator wie Sir Humphrey Davy feststellen mußte, daß alle Experimente ohne Erfolg geblieben waren".

Zu jener Zeit legte Talbot seine Technik der *Royal Society* nicht offen. Wohl aber beschrieb er seine Überlegungen und Folgerungen: „Das Silbernitrat, das sich durch die Einwirkung des Lichts geschwärzt hat, ist nicht mehr die gleiche chemische Substanz wie vorher. Wenn also ein Bild, das auf solche Weise mit Hilfe des Sonnenlichtes entstanden ist, anschließend irgendeinem chemischen Prozeß unterworfen wird, so wird sich dieser bei den weißen und bei den dunklen Partien auf verschiedene Weise auswirken. Es liegt kein Beweis dafür vor, daß, wenn ein solcher Vorgang stattgefunden

hat, diese weißen und diese dunklen Teile sich weiterhin plötzlich ändern könnten. Falls aber doch, so muß daraus noch nicht hervorgehen, daß eine solche Veränderung dann dazu führen könnte, daß sie einander wieder angeglichen werden. Wenn sie aber verschieden bleiben, so wird in jedem Fall ein sichtbares Bild erhalten sein – und demgemäß unser Ziel erreicht . . .
Meine ersten Versuche blieben ohne Erfolg, wie ich es tatsächlich auch erwartet hatte; nach einiger Zeit aber entdeckte ich eine Methode, die den Absichten vollkommen entspricht, und kurz darauf eine weitere . . . Diese chemische Veränderung, die ich *preserving process* nenne [Konservierungsverfahren], ist weit wirksamer, als erwartet werden konnte. Das Papier, das zuvor so lichtempfindlich gewesen war, wird in solcher Hinsicht total unempfindlich. Infolgedessen bin ich in der Lage, der *Royal Society* Musterbilder vorzuzeigen, die während einer vollen Stunde der Kraft der Sommersonne ausgesetzt gewesen sind. Ein solches Bild hat von dieser Belichtung nicht den mindesten Schaden erlitten, die Weißen sind so rein geblieben wie vorher."
Talbot betrachtete diese Erfindung einer Fixiermethode als „einen neuen Beweis für den Wert der induktiven Verfahren der modernen Wissenschaft, die, wenn etwas Unerwartetes oder Ungewöhnliches bemerkt wird (ein Zufallsergebnis etwa, das sich zunächst nur sehr schwach bemerkbar macht), durch Experimente der Ursache auf die Spur zu kommen sucht. Wenn deren Bedingungen so lange geändert werden, bis das Naturgesetz, dessen Folge jene Erscheinungen sind, voll verstanden ist, so führt uns das schließlich zu total unerwarteten Folgerungen, die nichts mit der gewohnten Erfahrung zu tun haben und der allgemeinen Auffassung zuwiderlaufen."
Im letzten Teil von Talbots Bericht vor der *Royal Society* wurde eine Anzahl von Anwendungen des neuen Verfahrens beschrieben: z. B. das Kopieren von Stichen oder von einseitig beschriebenen oder bedruckten Textseiten durch Kontaktdruck; die Aufzeichnung des im Mikroskop erscheinenden Bildes – und schließlich die Erzeugung von Bildern in der Kamera.
„Da ich bei mir auf dem Land keine Camera obscura von einigermaßen brauchbarem Format habe, baute ich mir eine aus einem großen Kasten, bei der das Bild durch die an einem Ende angebrachte Linse auf die Fläche am anderen Ende des Kastens geworfen wird. Diesen Apparat, beschickt mit lichtempfindlichem Papier, nahm ich an einem Sommernachmittag mit ins Freie und plazierte ihn etwa hundert Yards von einem Gebäude entfernt, das gerade von der Sonne günstig beleuchtet wurde. Nach einer oder zwei Stunden öffnete ich den Kasten – und auf dem Papier fand ich eine sehr deutliche Wiedergabe des Gebäudes verzeichnet, mit Ausnahme derjenigen Teile, die im Schatten gelegen hatten."
Talbot erläuterte weiterhin, daß, wenn auch Licht und Schatten in seinen „fotogenischen Zeichnungen" vertauscht waren, dies ganz einfach korrigiert werden könne, indem dieses Bild, das die umgekehrten Lichtwerte zeigte, mit einem neuen Blatt lichtempfindlichen Papiers in Kontakt gebracht wurde, so daß wiederum

Ausschnitt aus einem Schmetterlingsflügel, von Talbot um 1841 mit Solarmikroskop (siehe S. 59) aufgenommen. The Science Museum, London.

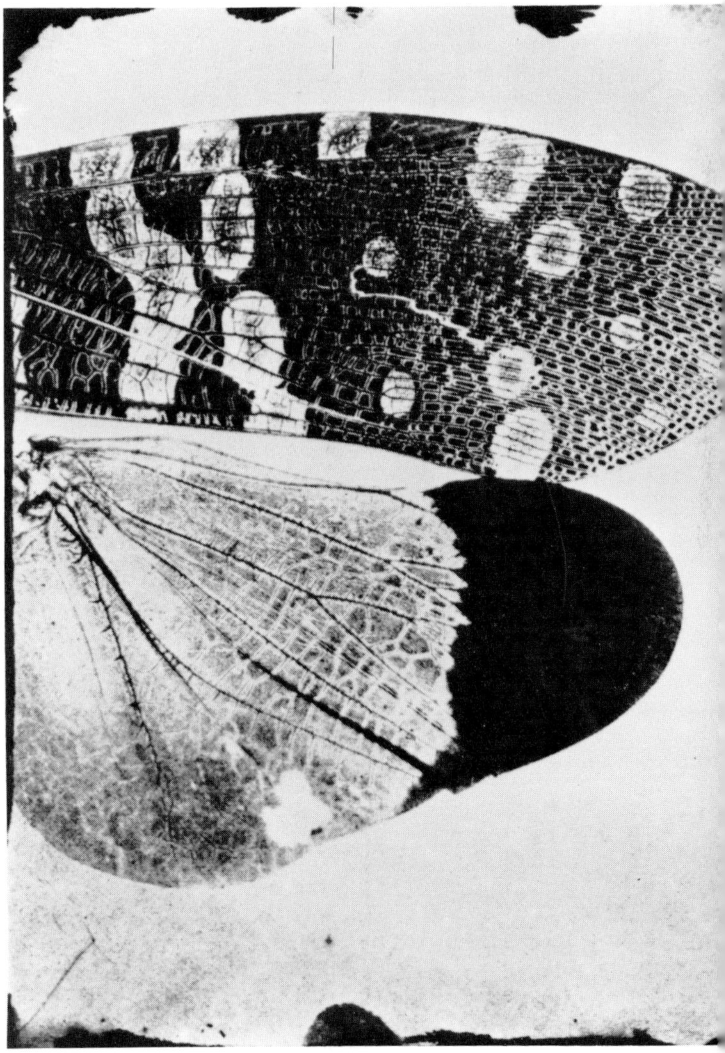

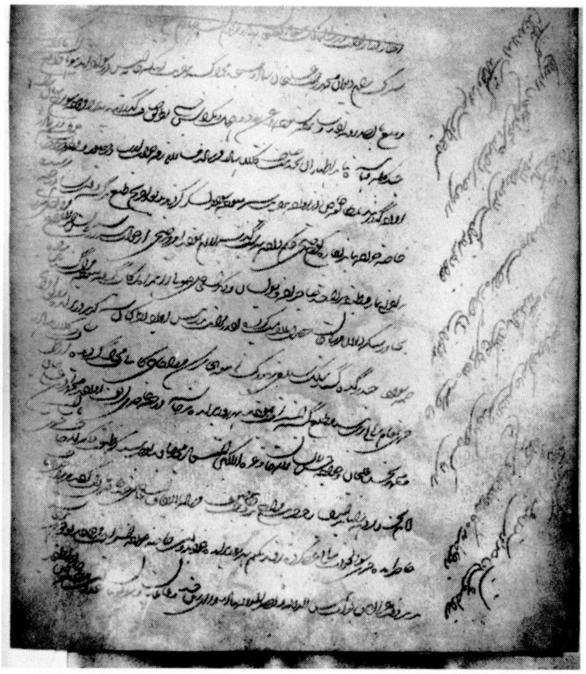

Auf dieser Seite: Zwei von sieben „fotogenischen Zeichnungen", jüngst wieder aufgefunden, die Talbot – vermutlich 1840 – der Göttinger Universität sandte. Diese war schon damals (dank Gauss und Weber) die auf naturwissenschaftlichem Gebiet führende Hochschule. Mit den hier wiedergegebenen Beispielen wollte Talbot die Möglichkeiten dokumentarischer und künstlerischer Reproduktion demonstrieren. Aufn. Hans C. Adam.

Unten: Wiedergabe einer Landschaftszeichnung eines unbekannten Künstlers, von Talbot (mit dem Zusatz „phot.") signiert.

Links: Reproduktion einer persischen Zeitung, die erst durch diese wiedergefundene Talbot-Fotokopie der heutigen Wissenschaft bekannt wurde. Beide Abb.: Staats- und Universitätsbibliothek, Göttingen.

Rechte Seite: Das nach der (späteren) Methode der Kalotypie im Garten von Lacock Abbey entstandene Bild atmet ganz jene Atmosphäre des beginnenden viktorianischen Zeitalters (wir würden sie biedermeierlich nennen), in der sich Talbots wesentlichste Erfindungsperiode abspielte. The Science Museum.

eine Umkehrung erfolgte. Das ursprünglich erzeugte Bild war demnach ein Negativ, das danach abgezogene ein Positiv. Das Verdienst an der Entdeckung dieses Negativ-Positiv-Prinzips kommt also Talbot zu; die meisten später folgenden fotografischen Verfahren beruhten darauf.

Über diese Zusammenkunft der *Royal Society* wurde in der Presse berichtet. Die *Literary Gazette* vom 2. Februar 1839 brachte eine Inhaltsangabe des offiziellen Berichtes, die Talbot selbst abgefaßt hatte. Die vollständigen Ausführungen erschienen in *The Athenaeum* vom 9. Februar, in *The Mechanics' Magazine* eine Woche später und dann in *The London & Edinburgh Philosophical Magazine.* Die letztere Veröffentlichung wurde von Talbot als Sonderdruck in einer Broschüre von 14 Seiten für seine eigenen Zwecke gedruckt; in dieser Form ist sie die erste eigenständige Veröffentlichung in der Welt, die sich mit Fotografie befaßt.

Auf solche Weise also machte Talbot in England seinen Anspruch geltend.

Kapitel III

Niépce: der fast vergessene Pionier

Die Herausforderung, die in Talbots Vorgehen lag, zwang die Franzosen zu einer Gegenmaßnahme. Sie mußten die Pionierarbeit der Öffentlichkeit bekanntgeben, welche Nicéphore Niépce geleistet hatte – jener Mann, den Arago in seiner Vorankündigung der Daguerreotypie nur ganz beiläufig als Daguerres „Mitarbeiter und Freund" erwähnt hatte. Der Anteil von Niépce an der Erfindung war nämlich von größerer Wichtigkeit, als die Öffentlichkeit wußte.

Arago befand sich in einiger Verlegenheit, als er Talbots Brief mit dem Anspruch auf Priorität erhielt, denn er wußte nicht, ob das Schreiben an ihn persönlich gerichtet sei oder aber an ihn in seiner Eigenschaft als ständiger Sekretär der *Académie des Sciences.* Als er erfuhr, daß sowohl Humboldt als auch Biot den völlig gleichen Brief erhalten hatten, betrachtete er ihn als offizielle Anmeldung eines Prioritätsanspruches. Humboldt ärgerte sich über das Schreiben; er nannte es arrogant. Biot schrieb an Talbot und wies ihn darauf hin, „falls Ihnen das unbekannt sein sollte", daß Daguerres Freunde wußten, daß seine Forschungen vor 14 Jahren bereits begonnen hatten. Er gab seinem Brief einen höflichen Schluß: „Ich beeile mich, Ihnen diese Feststellung mitzuteilen, Monsieur, so daß Sie die Tatsachen selbst beurteilen können. Ich tue dies gleichermaßen wegen der Schätzung, welche Ihre früheren Arbeiten über Optik in mir bewirkt haben, und wegen des Vertrauens, das Sie mir entgegengebracht haben."

Bei der Sitzung der *Académie* am 4. Februar las Arago zunächst das Schreiben vor, mit dem Talbot seinen Anspruch begründete. Darauf stellte er fest, die *Académie* habe unanfechtbare Beweise dafür vorliegen, daß der verstorbene Partner Daguerres, Niéphore Niépce, bereits 1822 eine Technik entwickelt hatte, um dauerhafte Bilder durch Einwirkung des Lichts zu erzeugen – eine Technik, „die wir zur gegebenen Zeit und am rechten Ort bekanntgeben werden". Er kündigte ferner an, daß die *Académie* die Partnerschafts-Vereinbarung veröffentlichen werde, die mit Datum vom 14. Dezember 1829 zwischen Niépce und Daguerre getroffen worden war. Fernerhin werde man beweisen, und zwar durch die Originalbriefe des Niépce, daß Daguerre „das völlig neue Verfahren, das er heute benutzt" bereits vor dem Tod seines Partners 1833 erarbeitet hatte.

Nicéphore Niépce wurde 1765 in Chalon-sur-Saône geboren, einer Stadt im Herzen Frankreichs, etwa 230 km südöstlich von Paris. Als sich das Feuer der französischen Revolution in Frankreich ausbreitete, floh sein Vater, der wohlhabend und royalistischer Tendenzen verdächtig war, mit seiner Familie. Nicéphore diente kurz in Napoleons Armee. Als er aus gesundheitlichen Gründen seinen Abschied genommen hatte, ließ er sich in Nizza nieder und heiratete. 1801 kehrte er nach Chalon-sur-Saône zurück, wo er nicht nur ein Haus in der Stadt besaß, sondern auch einen Landsitz namens Le Gras in dem Dorf Saint-Loup-de-Varennes, wenige Kilometer außerhalb der Stadt. Den Rest seines Lebens widmete er seinen verschiedenartigen Forschungen.

Zusammen mit seinem Bruder Claude erfand Nicéphore eine Verbrennungsmaschine, die sie *Pyréolophore* nannten. Dieses Wort, so erläuterten sie, war eine Verbindung der griechischen Worte für „Feuer", „Wind" und „ich erzeuge". Der Vorgang war folgendermaßen: Luft wurde in einen mit einem Kolben versehenen Zylinder gedrückt. Unten im Zylinder war eine Flamme. Eine Dosis brennbaren Pulvers wurde in den Zylinder eingebracht. Das Pulver explodierte sogleich, und zwar mit solcher Kraft, daß der Kolben – so wurde behauptet – mit einem Druck von 75 kg nach oben getrieben wurde. Durch den zurückkommenden Kolben wurde das Gas, das sich gebildet hatte, wieder hinausgedrückt. Der erste Treibstoff, den die Brüder Niépce benutzten, war „Hexenpulver" (Sporen von Bärlappsamen – ein überaus leicht entzündliches Pflanzenprodukt, das allgemein für Feuerwerkszwecke benutzt wird). Später ersetzten sie dieses durch Lampenruß, gemischt mit feingemahlenem Harz. Obwohl die Maschine kräftig genug war, um ein Boot auf der Saône flußaufwärts „mit doppelter Strömungsgeschwindigkeit“ anzutreiben, wurde doch nichts aus dieser genialen und zukunftsreichen Erfindung, die im Grundprinzip dem Benzinmotor ähnlich war.

Frühe lithografische Versuche

Claude zog 1816 nach Paris; die Brüder hatten gemeint, daß die Chancen, Interessenten für die *Pyréolophore* zu finden, in der Hauptstadt besser seien. Zu jener Zeit beschäftigte sich Nicéphore mit lithografischen Versuchen. Es handelt sich um jenes grafische Verfahren, das damals recht neu war und mit dessen Hilfe man Zeichnungen und ähnliche Kunstwerke mit erstaunlicher Treue reproduzieren konnte. Erfunden wurde die Lithografie 1798 von Alois Senefelder in München. Sie beruhte auf dem Prinzip, daß eine bestimmte Art von Schiefer, die man bei Solnhofen fand, sowohl Wasser als auch Fett annahm. Der Künstler entwarf das Bild direkt auf dem Stein, und zwar mit Hilfe eines Fettstifts oder fetter Farbe. Jeder Strich drang sogleich in den Stein ein. Dieser wurde dann angefeuchtet. Das Wasser wurde an jenen Stellen vom Stein angenommen, die keine Zeichnung trugen; dort aber, wo sich fettige Substanz befand, wurde es abgestoßen. Dann wurde Fettfarbe mit einer Walze auf den Stein aufgetragen. An den Stellen der Zeichnung wurde die Farbe festgehalten; der nasse Stein nahm sie nicht an. Wo also der Zeichenstift eingewirkt hatte, befand sich jetzt Farbe, während die leeren Partien leer blieben. Darauf legte man Papier über den Stein und drückte es fest an, so daß die Farbe sich auf das Papier übertrug, also eine getreue Wiedergabe der Künstlerzeichnung zustandebrachte.

Niépce hoffte, einen lichtempfindlichen Lack zu finden, mit dem er einen Lithografenstein präparieren könnte, um auf dem Stein einen Kontaktdruck einer Zeichnung oder eines Stichs herzustellen, wobei das Original, um durchsichtig zu sein, mit Öl getränkt werden sollte. In häufigen Briefen an seinen Bruder Claude hielt er diesen von seinen Versuchen unterrichtet. Fast alles, was wir von diesen Arbeiten wissen, beruht auf unvollständigen, ganz allgemein nicht völlig schlüssigen Belegen.

Niépce fertigt ein Papier-Negativ an

1816 dehnte Niépce seine Versuche um einen entscheidenden Schritt weiter aus. Nun begannen seine Experimente, das in einer Kamera festgehaltene Bild aufzuzeichnen. Am 12. April jenes Jahres schrieb er an seinen Bruder: „. . . ich habe eine Art künstlichen Auges konstruiert; es besteht ganz einfach aus einem kleinen quadratischen Kasten von 15 cm Seitenlänge, an dem ich einen ausziehbaren Tubus angebracht habe, der eine Linse enthält.“ Ein Mißgeschick ruinierte diese Kamera, doch Niépce baute andere. Am 5. Mai berichtete er: Ich habe den Apparat in meinem Arbeitszimmer aufgebaut, und zwar vor dem Fenster, das auf das Taubenhaus hinausschaut. Ich bin dabei nach jenem Verfahren vorgegangen, das Du, lieber Freund, kennst. Auf dem weißen Papier habe ich alle jene Partien des Taubenhauses erkennen können, die man vom Fenster aus sieht, und dazu ein schwächeres Bild der Fensterbretter, auf denen weniger Licht lag als auf den Gegenständen draußen . . . Das ist immer noch kein vollkommen ge-

Nicéphore Niépce (1765–1833). Nach einem Gemälde, das Léonard Berger 20 Jahre nach Niépces Tod schuf. International Museum of Photography, Rochester.

lungener Versuch . . . Die Möglichkeit, auf diese Weise Bilder zu erzeugen, scheint mir fast bewiesen . . . Was Du erwartet hast, das ist geschehen. Der Hintergrund des Bildes ist schwarz, und die Gegenstände sind weiß, das heißt heller als der Hintergrund . . . Vielleicht ist es nicht unmöglich, diese Verteilung der Helligkeitswerte zu ändern . . . " Zwei Wochen später schrieb er seinem Bruder, es seien drei weitere Verbesserungen notwendig: Eine größere Schärfe des Bildes, „Veränderung der Farben" – und ein Mittel, um die Farben zu fixieren. Der letzte Punkt, so sagte er, würde sicherlich nicht der leichteste sein. „Aber, mein lieber Freund, wie Du so richtig sagst: An Geduld fehlt es uns nicht, und mit Geduld kann man alles erreichen."
Er gestaltete das Bild schärfer, indem er eine kreisförmige Maske vor die Linse setzte, um die Öffnung zu verkleinern. Vier Bilder, die auf solche Weise entstanden waren, sandte er an Claude. Sie können kaum sonderlich gelungen gewesen sein, denn er mußte dem Bruder beschreiben, was auf ihnen zu sehen war. Es handelte sich um Negative, und er beschwerte sich wiederum: „Die Wirkung wäre wesentlich überzeugender, wenn . . . das Verhältnis der Schatten zu den Lichtern umgekehrt werden könnte; daran werde ich also arbeiten, bevor ich versuche die Farben zu fixieren – und das ist nicht einfach."
Offensichtlich benutzte Niépce bei diesen Experimenten Silberchlorid oder, wie man damals sagte, „salzsaures Silber". Auf diese Weise wandelte er, ohne sich darüber klar zu sein, in den Fußstapfen von Wedgwood. Im Gegensatz aber zu Wedgwood hatte er Erfolg: Es gelang ihm, das Kamerabild aufzuzeichnen. Aber ebensowenig wie Wedgwood gelang es ihm, ein Mittel zu finden, um diesem Bild Dauer zu verleihen. „Diese Art Bild verändert sich mit der Zeit, so meine ich, auch wenn man noch so große Sorgfalt aufwendet, es nicht mit Licht in Berührung zu bringen . . ."
Obwohl also die Negative vergänglich waren, hatte doch ein großer Schritt nach vorn stattgefunden. Niépce war in der Menschengeschichte der erste, dem es gelang, das Bild in der Kamera „spontan durch Einwirkung des Lichts" entstehen zu lassen.

Die Suche nach einem Direkt-Positivverfahren

Niépce begann nun nach einer Substanz zu suchen, die bei Einwirkung des Lichts heller, nicht dunkler, werden sollte. Denn die Umkehrung von Licht und Schatten, die ihm „unnatürlich" erschien, störte ihn sehr; er hatte einfach nicht erfaßt, daß er durch Kontaktabzüge vom Negativ eine unbegrenzte Anzahl von Positiven hätte erzielen können.
Er fand heraus, daß „das schwarze Oxid von Mangan" (Mangandioxid) beim Kontakt mit Chlor weiß wurde. Wenn ein Bleichprozeß durch Chlor eingeleitet wurde, so müßte es vielleicht möglich sein, ihn durch Lichteinwirkung vollenden zu lassen. Er baute eine Kamera, die sowohl luft- als auch lichtdicht war und führte dorthinein Chlor, während das Mangandioxid belichtet wurde. Doch diese Technik brachte keine Ergebnisse, und er gab sie auf.

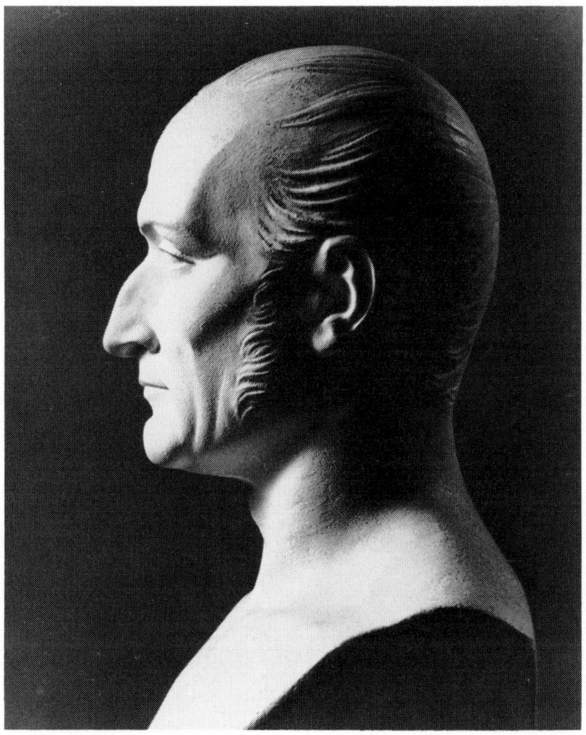

Links: Nach einem Stich, den Kardinal von Amboise darstellend, fertigte Niépce eine Kontakt-Heliographie; von dieser wurden nach Ätzung durch Lemaître (siehe S. 34) Abzüge hergestellt. Gernsheim Collection, University of Texas, Austin.

Rechts: Nicéphore Niépce. Gipsbüste von J. A. Barre, gefertigt nach einer Zeichnung von Isidore Niépce. International Museum of Photography, Rochester.

Im Jahr 1817 berichtete er dann: „Ich habe in einem Chemiebuch gelesen, daß Guajak-Harz, das von gelbgrauer Färbung ist, eine sehr schöne hellgrüne Farbe bekommt, wenn man es dem Licht aussetzt, und daß es dann auch neue Eigenschaften annimmt. Will man es in diesem Zustand auflösen, so ist ein reinerer Alkohol erforderlich als derjenige, den man zur Auflösung der ursprünglichen Substanz benutzen kann."
Sein erster Versuch mit diesem Harz hatte keinen Erfolg, und er zog dann Phosphor vor. „In natürlichem Zustand ist Phosphor gelblich", schrieb er an seinen Bruder Claude, „in heißem Wasser geschmolzen jedoch wird er fast so weiß und durchsichtig wie Glas und ist dann vielleicht lichtempfindlicher als Silberchlorid." Phosphor ist eine gefährliche und höchst giftige Substanz und schwierig zu handhaben; er entzündet sich beim Kontakt mit Luft und muß unter Öl aufbewahrt werden. Niépce dachte sich eine Methode aus, den Phosphor gewissermaßen durch Fernsteuerung innerhalb eines Kastens zu handhaben, doch erwiesen sich die Schwierigkeiten, die Steinplatten, die er benutzte, mit Phosphor zu überziehen, als sehr groß. Nach drei Monaten des Experimentierens gab er es auf, weitere Versuche mit „diesem tückischen Brennstoff" zu unternehmen. Das einzige, was ihm blieb, war eine schwere Brandwunde an der Hand.
Claude war inzwischen nach London gezogen, und zwar in der Hoffnung, daß die Briten, die die Dampfmaschine entwickelt hatten, möglicherweise mehr Interesse an der Verbrennungsmaschine zeigen könnten, als es in Frankreich der Fall gewesen war. Die Brüder setzten ihre Korrespondenz fort, aber da Claude anriet, bei der Beschreibung der fotografischen Arbeit solle man sich stark verschleierter Wendungen bedienen (aus der Furcht heraus, ein Brief könnte geöffnet, das Geheimnis also verraten werden), ist aus den wenigen existierenden Blättern kaum mehr zu entnehmen als die Tatsache, daß Nicéphore Fortschritte machte. Eine Anekdote, die viele Jahre später sein Sohn Isidore erzählte, scheint anzudeuten, daß Niépce Bilder auf Glas herstellte. Nach diesem Bericht besuchte ein Verwandter, ein gewisser General Poncet de Maupas, Niépce im Jahre 1822; er war begeistert über dessen jüngsten Erfolg – eine fotografische Reproduktion auf Glas nach einem Kupferstich-Porträt von Papst Pius VII. Isidore erinnerte sich, daß dieses Bild mit Hilfe eines lichtempfindlichen Harzes entstanden war – jener Asphaltsorte, die man „Judenpech" nannte. In großzügiger Stimmung schenkte Niépce das Bild dem General, der es in Paris in der Werkstatt des Alphonse Giroux rahmen ließ, wo man die Darstellung sehr bewunderte. Unglücklicherweise ließ der General das Bild eines Tages fallen, und es zerbrach. Lediglich der Rahmen blieb erhalten, den Sohn Isidore Jahre später mit einiger Verlegenheit als Beweis dafür vorlegte, daß das Bild einst existiert hatte . . .

Fotogravüre – das Licht übernimmt die Arbeit des Künstlers

Mit dem Jahr 1824 wurden die Erwähnungen fotografischer Probleme in der Korrespondenz der beiden Brüder immer häufiger. Niépce beschrieb, wie er Lithografensteine mit Säure ätzte. Er schickte einen solchen an einen Lithografen, damit er Abzüge anfertige. Der Lithograf war verblüfft, denn er sah auf dem Stein weder eine Zeichnung noch andere Anzeichen einer Behandlung – und er schloß daraus, daß hier jemand gepfuscht hätte. Niépce sagte ihm, es handle sich nicht um ein lithografisches Verfahren; der Abzug vom Stein hätte so zu geschehen wie bei einer Radierung.
Die klassische Methode, eine Radierung anzufertigen, ist seit den Tagen Rembrandts unverändert. Sie besteht aus fünf Vorgängen:
1. Eine Kupferplatte wird mit einem säurefesten Überzug versehen, der aus Wachs, Gummiarabicum und Asphalt besteht.
2. Der Künstler bringt auf der mit Überzug versehenen Platte seine Zeichnung mit einem Grabstichel oder einer Nadel so an, daß das Kupfer an der betreffenden Stelle freiliegt. Die Zeichnung hebt sich zum Schluß in Form von Kupferlinien von dem Firnis ab, der meist, um eine bessere Beurteilung zu ermöglichen, mit Ruß schwarz gefärbt ist.
3. Salpetersäure (Scheidewasser) wird sorgfältig über die Platte gegossen. Die Säure greift das Kupfer an; dadurch entstehen Vertiefungen überall dort, wo der Künstler seine Linien gezogen hat.
4. Der Überzug wird entfernt, die Kupferplatte poliert.
5. Die Platte wird mit Druckfarbe eingefärbt und dann die Oberfläche sauber abgewischt. In jeder eingeätzten Linie hält sich die Farbe: Papier, das man gegen die Platte preßt, nimmt die Farbe auf. Das Ergebnis ist eine genaue Wiedergabe der Künstlerzeichnung.
Niépce entdeckte nun, daß Judenpech, auch „Pech von Judäa" genannt (eine Asphaltsorte, die vielfach von Kupferstechern benutzt wird), in höherem Maße lichtempfindlich ist als Guajak-Harz. Normalerweise ist es in

Lavendelöl löslich. Nach Belichtung hingegen verliert es diese Löslichkeit. Es war diese Beobachtung, die es Niépce ermöglichte, die Arbeit des Künstlers durch Einwirkung des Lichts zu ersetzen.
Zuerst benutzte er Lithografenstein für seine „Platten"; später ging er zu Versuchen mit Hartzinn und Kupfer über. Wie jeder Radierer versah er die Platte mit einem Überzug von Asphalt. Doch statt nun von Hand ein Bild einzugravieren, nahm er ein existierendes Bild her – einen Kupferstich oder eine Lithografie, die er gefirnist hatte, um sie stärker lichtdurchlässig zu machen. Er brachte das so vorbereitete Bild mit der Platte, die eine Asphaltschicht hatte, in Kontakt und setzte das Ganze dann dem Licht aus. Jeder dunkle Strich des Bildes hielt das Licht zurück, und der darunter befindliche Asphalt blieb unverändert. Hingegen machte das die hellen Papierpartien durchdringende Licht den darunter befindlichen Asphalt unlöslich. Niépce wischte darauf den Stein mit Lavendelöl ab: Der unbelichtete Asphalt, der den Linien und Strichen des zu kopierenden Bildes entsprach, wurde gelöst. Darauf folgte er den Stufen 3, 4 und 5 des klassischen Verfahrens, um die Platte zu ätzen, sie einzufärben und einen Abdruck von ihr zu erzielen.
Was Niépce entdeckt hatte, das wurde später Fotogravüre genannt. Das Prinzip eines lichtempfindlichen Ätzgrundes bildet die Basis für alle fotomechanischen Verfahren, die uns in die Lage versetzen, Bilder mit Hilfe der Druckpresse wiederzugeben. Im Rückblick erscheint dies als der wesentlichste Beitrag des Nicéphore Niépce. Die von ihm ausgearbeitete Methode war praktisch durchführbar; er stellte viele Reproduktionen her, die getreuen Faksimiledarstellungen des Originals recht nahekommen. Obwohl während seiner Lebenszeit eine wirtschaftliche Ausbeutung der Erfindung nicht erfolgte, nahm sein Neffe, Claude Abel Niépce de Saint-Victor, das Verfahren 1853 wieder auf und verbesserte es; die Bezeichnung, die er ihm gab, war *héliogravure.* (Wir haben es dabei gewissermaßen mit der Großmutter aller Tiefdruckverfahren zu tun.) Das „Asphalt-Verfahren", wie es auch genannt wurde, wurde von Chemigrafen für Jahrzehnte angewandt. Die Wichtigkeit dieser Entdeckung des Nicéphore Niépce ist niemals so recht gesehen worden – hauptsächlich wohl deshalb, weil Niépce selbst sie lediglich als einen Schritt zu seinem eigentlichen Ziel gesehen hat. Dieses bestand darin, auf irgendeine Weise das zu erreichen, was man „Selbst-Darstellungen" der natürlichen Welt *mit Hilfe der Kamera* nennen könnte.
Am 16. September 1824 meldete Niépce Erfolg – also das Gelingen dieser Absicht. „Zu meiner Genugtuung kann ich Dir heute endlich mitteilen", so schrieb er an Claude, „daß es mir mit der weiteren Vervollkommnung meines Verfahrens gelungen ist, ein Bild nach der Natur zu schaffen, das so gut ist, wie ich es mir nur wünschen kann. Ich wage kaum, mir dieses schmeichelhafte Eingeständnis zu machen, denn bis jetzt war es nur möglich gewesen, höchst unvollkommene Ergebnisse zu erzielen. Dieses Bild nun wurde aufgenommen in Deinem Zimmer, und zwar auf der Seite, die nach Le Gras hin liegt. Ich benutzte meine größte C.o. [Camera obscura] und meinen größten Stein. Das Bild der Objekte ist scharf wiedergegeben, mit erstaunlicher Naturtreue bis in die kleinsten Einzelheiten und mit sehr feinen Abstufungen. Da der Niederschlag auf der Platte nur sehr dünn ist, kann man die Wirkung lediglich dann beurteilen, wenn man schräg auf den Stein schaut; dann wird das Bild durch Schatten und Lichtreflexe sichtbar. Dieser Effekt, das kann ich Dir, *cher ami,* versichern, grenzt wirklich an ein Wunder." Nicéphore schrieb Claude, er fühle sich dem endgültigen Erfolg so nahe, daß er darauf bestehe, das Verfahren zu veröffentlichen – und zwar unter ihrer beider Namen.

Kapitel IV

Die Heliographie

Im Herbst des folgenden Jahres, 1825, kaufte Niépce ein Prisma von Vincent Chevalier, dem führenden Optiker in Paris. Der Bote, der es abholte, erzählte Chevalier von dem Erfolg, den Niépce gehabt hatte, indem er das von der *Camera obsurca* entworfene Bild auf beliebigem Material festgehalten hätte. „Diese Entdeckung schien mir so verblüffend, daß ich mir nur vorstellen konnte, er hätte sich getäuscht", schrieb Chevalier an Niépce, „und ich kann das auch jetzt noch nicht glauben – wenigstens, bis Sie es mir bestätigen."

Kurz darauf erhielt Niépce einen Brief von Daguerre, der darin schrieb, er arbeite schon seit längerem in ähnlicher Richtung, aber mit geringem Erfolg; es interessiere ihn, ob Niépce besser dran wäre. Dieser Brief existiert nicht mehr; er ging Niépce verloren. Aber er entsann sich, daß es eine seltsame und etwas konfuse Nachricht war, sie gab ihm Rätsel auf. Er wußte nicht, wie Daguerre von seiner Arbeit Kenntnis erlangt hatte. Erst Jahre später erfuhr er es: Charles, der Sohn von Chevalier, hatte Daguerre informiert.

Niépce war voller Mißtrauen, denn Daguerre war ihm ein Unbekannter. Er bestätigte den Empfang des Schreibens auf höfliche, aber ausweichende Weise und nahm an, damit hätte sich die Angelegenheit erledigt. Doch ein Jahr später, im Januar 1827, sandte Daguerre wiederum ein Schreiben; diesmal bat er um ein Musterbild. Das irritierte Niépce, und er fragte den Pariser Kupferstecher Augustin François Lemaître, ob er Daguerre kenne – und falls ja, was er von ihm halte. Lemaître antwortete, daß er wohl von Daguerres Interesse an Kameras wüßte, aber nicht genau sagen könne, was er damit anfange. Er gab Niépce den Rat, die Korrespondenz nicht fortzusetzen: „Manchmal ist es gar nicht so schwer, einer Entdeckung auf die Spur zu kommen."

Niépce beschäftigte sich zu jener Zeit damit, Zinnplatten zu ätzen; er hatte fünf, sämtlich Reproduktionen von Bildern, an Lemaître geschickt, um seine Meinung über die Qualität zu erfahren. Im gleichen Brief, mit dem er über Daguerre Auskunft erbat, erwähnte er, daß er die Absicht habe, sich ganz dem Aufnehmen von Bildern nach der Natur mit seiner Kamera zu widmen, sobald der Sommer mit seiner Lichtfülle gekommen sei.

Lemaître antwortete, seiner Meinung nach seien die Platten nicht tief genug geätzt, und er bedauere, daß Niépce sich des weichen Materials Zinn bedient habe statt des harten Kupfers. Die Ankündigung, Niépce wolle nunmehr Bilder nach der Natur aufnehmen, veranlaßte Lemaître zu einem begeisterten Ausbruch: „Von ganzem Herzen hoffe ich, daß Ihre Versuche von vollem Erfolg gekrönt sein werden. Denn hier handelt es sich um eine Entdeckung, die von großem Nutzen für die Künste sein müßte und die möglicherweise eine ebensolche Sensation hervorrufen wird, wie dies die Lithografie bei ihrem Erscheinen tat . . ." Weniger optimistisch war er hinsichtlich der Gravüre-Reproduktionen; er erbot sich, die Platten zu bearbeiten. Als Antwort auf das Angebot, die materiellen Vorteile, die möglicherweise bei der Entdeckung herausspringen könnten, mit Niépce partnerschaftlich zu teilen, dankte Lemaître und erklärte sich zur Unterstützung bereit.

Niépce besucht Daguerre

Kaum hatte Niépce von Lemaître den Rat erhalten, sich nicht weiter mit Daguerre einzulassen, da erhielt er auch schon von jenem Künstler ein gerahmtes Bild. Es sah aus wie eine Sepia-Zeichnung. Daguerre schrieb, es sei „nach meinem Verfahren hergestellt", und er nannte es ein *dessin-fumé,* eine „Rauchzeichnung". Um sich zu revanchieren, sandte Niépce an Daguerre eine geätzte Zinnplatte. „Was ich da sende, das ist in keiner Weise geeignet, das Geheimnis meiner Entdeckung preiszugeben", erklärte er Lemaître gegenüber.

Im Sommer des Jahres 1827 verschlimmerte sich der Gesundheitszustand des Bruders Claude, und Nicéphore reiste mit seiner Frau nach England, um bei ihm zu sein und ihm nach Möglichkeit zu helfen. Unterwegs hatten sie einen Aufenthalt in Paris, wo Niépce Daguerre zum erstenmal kennenlernte. Das Diorama beeindruckte ihn tief. Daguerre zeigte ihm auch einige seiner fotografischen Versuche; Niépce stellte fest, daß sie von den seinen ganz verschieden wären. Er schrieb an seinen Sohn Isidore: „Monsieur Daguerre ist es gelungen, auf seiner chemischen Substanz einige der farbigen Strahlen des Prismas festzuhalten, nämlich bisher vier; er ist am Werke, drei weitere zu fixieren, damit die sieben Grundfarben zusammenkommen." Daguerre gab den Charakter seiner „chemischen Substanz" nicht preis, doch Niépce vermutete, es handle sich um irgendein phosphoreszierendes Material – wie etwa feinpulverisiertes und geglühtes Baryt (Schwerspat, damals „Bologneser Stein" genannt). Jahre später, als die französische *Académie des Sciences* Daguerres Technik enthüllte, erwies sich diese Annahme als zutreffend. „Diese Substanz zieht das Licht zwar stark an", schrieb Niépce, „kann es aber nicht lange halten . . . Nach allem, was er mir sagte, hatte Daguerre wenig Hoffnung auf Erfolg, und seine Forschungen haben wenig mehr als Kuriositätswert. Mein Verfahren sei viel zufriedenstellender und erscheine ihm vorzuziehen . . ."

Als Niépce und seine Frau in Kew (an der Themse im Westen von London) ankamen, fanden sie Claude in noch schlechterem Gesundheitszustand, als sie erwartet hatten. Er litt nicht nur an einer Krankheit, die sie Wassersucht nannten, sondern war auch geistig verwirrt. Er hielt das *Pyréolophore,* die gemeinsam erfundene Verbrennungsmaschine, für die Lösung des Geheimnisses des *Perpetuum mobile.* Er konnte nicht mehr klar denken, und seine Tage waren – ohne daß dies der Familie bewußt war – gezählt.

In England: Enttäuschung für Niépce

Während er in so trauriger Mission in England weilte, versuchte Niépce auf jede Weise, die er sich ausdenken konnte, seine Erfindung, die er nunmehr *héliographie* nannte, bekannt zu machen und unterzubringen. Er bemühte sich, dem König einige seiner Heliographien zu zeigen, und bat William T. Aiton, den Direktor von Kew Gardens (des großen Botanischen Gartens bei London), ihm dabei zu helfen. Die Bilder wurden nach Windsor Castle geschickt, doch hörte Niépce niemals etwas darüber, ob der König sie angeschaut hätte. Sie kamen zurück mit dem Bescheid, das Gremium für die Präsentation der Entdeckung sei wohl die *Royal Society.*

Aiton machte daraufhin Niépce mit seinem Kollegen Francis Bauer bekannt, der ein Mitglied dieser bedeutenden Gesellschaft war. Bauer, ein Nachbar in Kew, war stark beeindruckt von den Heliographien; er wurde für Niépce ein Freund und gewissermaßen sein Herold. Auf seine Anregung verfaßte Niépce eine Niederschrift über die Heliographie, die, so hoffte er, bei einer Sitzung der *Royal Society* verlesen werden sollte.

Charles Chevalier (1809–1859, links) mit einem Besucher. Daguerreotypie (Fotograf nicht bekannt). Chevalier, bedeutender Optiker in Paris, spielte als Lieferant der Objektive für Niépce wie Daguerre eine Schlüsselrolle als Helfer und Ratgeber bei der Erfindung der Fotografie. Kaum einer unter den Pionieren, der nicht bei ihm die Linsen für seine Versuchskameras kaufte oder konstruieren ließ.

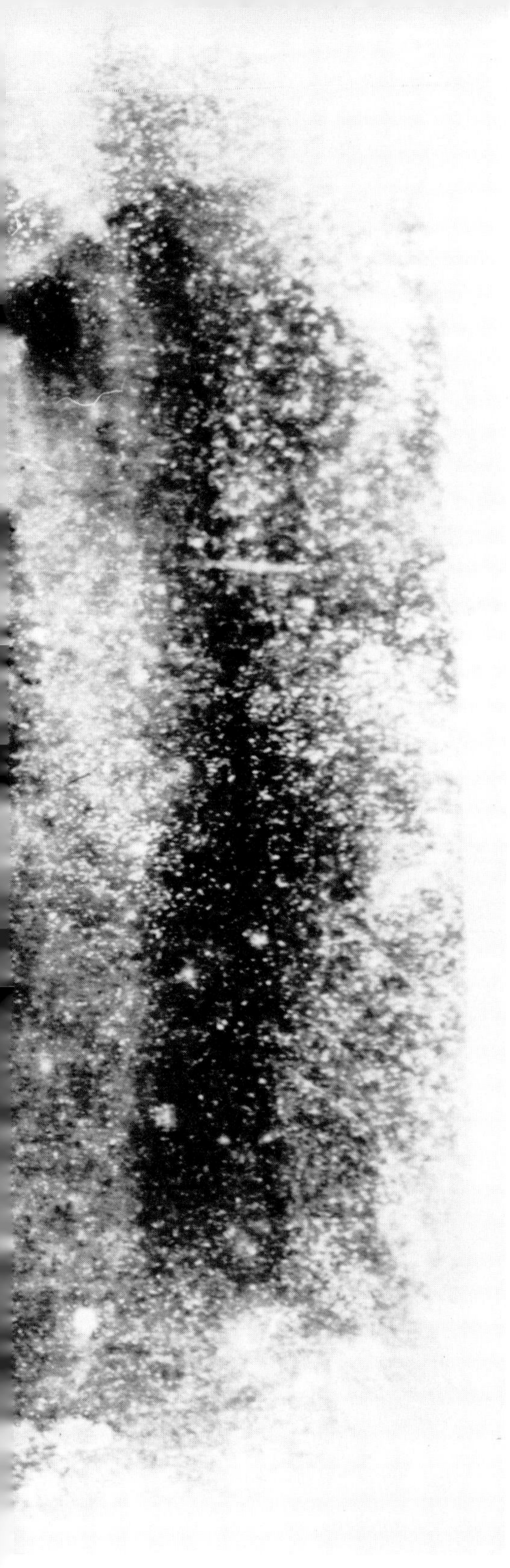

Die erste erhalten gebliebene Fotografie nach der Natur: Der Blick aus einem Fenster von Le Gras, dem Landsitz der Familie Niépce, auf den Wirtschaftshof. Niépce machte diese Aufnahme auf einer asphaltbeschichteten Zinnplatte 1826 oder 1827. Im Sommer 1827 nahm er – mit anderen Beweisen für den Erfolg seiner Experimente (s. Abb. S. 30) – das Bild auf eine Reise nach England mit. Als seine Bemühungen, dort die Erfindung zu verwerten, ohne Erfolg blieben, schenkte er einem englischen Freund, Francis Bauer, die Bildplatte. Sie blieb durch Jahrzehnte verschollen, bis Helmut und Alison Gernsheim sie 1952 nach sechs Jahren detektivhafter Suche wieder auffanden.

Links: Nach vergeblichen Versuchen an anderen Stellen gelang dem Research Laboratory der Kodak Ltd., Harrow, die Reproduktion. Da diese bei scharfer Seitenbeleuchtung und in schrägem Winkel erfolgen mußte, bildeten sich die Unebenheiten des Materials und die in 125 Jahren angesammelten Staubpartikel überproportional stark ab. Gernsheim Collection, University of Texas, Austin.

Unten: Die Abbildung (der ausgefleckten Reproduktion) zeigt deutlich die authentische Situation der Gebäude in Le Gras.

Niépce gab Bauer vier Heliographien. Drei davon waren Abzüge von Kupferstichblättern (siehe Abb. S. 30). Auf die Rückseite des vierten Bildes – das, historisch gesehen, die eigentliche Sensation darstellte – schrieb Bauer in Französisch und Englisch: „Der erste gelungene Versuch, das Bild nach der Natur dauerhaft festzuhalten. 1827.“ Dieses Bild (Abb. S. 36/37), das während vieler Jahrzehnte verlorengegangen war, wurde in einer geradezu detektivhaften Suche 1952 von Helmut und Alison Gernsheim wieder aufgefunden; es befindet sich nun in der *Gernsheim Collection* der Universität von Texas.

Das Bild, das sehr schwach ist und lediglich bei Streiflicht betrachtet werden kann, deshalb auch sehr schwierig zu fotografieren ist, zeigt den Hof des Landsitzes der Familie Niépce, Le Gras, im Dorf Saint-Loup-de-Varennes bei Chalon-sur-Saône. Aufgrund der extrem langen Belichtungszeit (sie dauerte vom Morgen bis zur Abenddämmerung) ergab sich im fertigen Bild keine Schattenwirkung, denn die Sonne war ja von Horizont zu Horizont gewandert. Sofern man nicht weiß, wo das Bild entstand, ist es kaum möglich, auch nur zu erraten, was dargestellt ist. Nachfolgend die Deutung der Gernsheims: „Zur Linken ist das, was die Brüder das Taubenhaus nannten . . . Rechts davon ein Birnbaum mit einem Flecken Himmel, der durch die Zweige hindurchscheint, in der Mitte das geneigte Dach der Scheune. Das lange Gebäude hinter ihr ist das Backhaus, mit Schornstein, und zur Rechten befindet sich ein anderer Flügel des Hauses.“

Diese Heliographie befindet sich auf einer Platte (Format 16,5 x 21 cm) aus Zinn. Diese Tatsache läßt die

Die Fotografie einer gedeckten Tafel, die Niépce – vermutlich um 1829 – auf einer Glasplatte aufnahm, zeigt bereits Halbtöne. Die Platte wurde zerstört, so daß das Bild sich nur in einer Reproduktion erhalten hat, die 1891 im „Bulletin de la Société Française de Photographie“ veröffentlicht wurde.

Gernsheims die Herstellung ins Jahr 1826 datieren; damals nämlich schrieb Niépce seinem Sohn Isidore, daß er Zinnplatten als Grundlage für den lichtempfindlichen Asphalt benutze. Sicherlich kann das Bild nicht früher entstanden sein, aber es kann ebensogut zu irgendeiner Zeit vor jenem Tag im August 1827 hergestellt worden sein, als Niépce Chalon verließ, um nach England zu reisen.

Niépce zeigte seine Heliographien allen Wissenschaftlern, deren er habhaft werden konnte. Er fragte einen bekannten Arzt, Joseph Constantine Carpue, um Rat, wie er seine Erfindung vor die *Society of Arts* bringen könne. Carpue schuf ihm die Verbindung zu einem Optiker namens Watkins: „Ich meine", so schrieb Carpue, „daß eine Vereinbarung mit diesem Herrn Ihnen größere Vorteile bringen könnte als die *Society of Arts*. Sollten Sie aber, nach einer Unterredung mit Mr. Watkins, immer noch den Brief wünschen, den Sie von mir erbeten haben, dann brauchen Sie mich das nur wissen zu lassen – ich werde ihn dann eilends an Sie absenden." Niépce sandte an Watkins eine Kopie seiner Denkschrift. Sie war in französischer Sprache. Mrs. Watkins übersetzte sie für ihren Gatten, der sie bat, Niépce zu schreiben, nach seiner Meinung gehöre das Verfahren mehr in den Bereich der Kupferstecherkunst als der Optik.

Darauf setzte sich Niépce mit R. Ackermann in Verbindung, dem Verleger der ersten englischen Übersetzung von Senefelders *„A Complete Course of Lithography"*. Mr. Ackermanns Firma war das führende Haus für Künstlerbedarf in London. Er schlug die Bildung einer Gesellschaft vor, welche die Erfindung ausnutzen sollte, sobald sie vervollkommnet sei. Daraus wurde nichts.

Durch Bauers Vermittlung erhielt Niépce einen Empfehlungsbrief an Thomas Young, den Sekretär der *Royal Society*. Dieser hervorragende Gelehrte, dessen berühmtes Experiment über die Interferenz den Wellencharakter des Lichts etablierte, berichtete: „Die Erfindung des Mr. Nepce [sic] scheint mir eine sehr saubere und elegante Lösung zu sein, und ich habe auch keine Kenntnis von einer ähnlichen Methode, die jemand bereits benutzt hätte. Wie weit die Erfindung in Zukunft sich als praktisch nutzbar erweisen wird, kann ich nicht beurteilen – insbesondere, da ich nicht das volle Geheimnis kenne. Aber ich sehe keinen Grund, an der Nutzbarkeit zu zweifeln, außer der Tatsache, daß erfahrungsgemäß alle Neuheiten mit unvorhersehbaren Schwierigkeiten behaftet sind."

Ermutigung kommt von Daguerre

Nach fünf Monaten eines Pilgerns von Tür zu Tür, das lediglich bittere Enttäuschungen brachte, erhielt Niépce einen ebenso freundschaftlichen wie warmherzigen Brief von Daguerre, datiert vom 3. Februar 1828. „Es tut mir leid, sehen zu müssen . . . daß Sie nichts als Entmutigung in England geerntet haben. Aber lassen Sie sich trösten! Es ist nicht möglich, daß das gleiche hier passieren sollte, insbesondere wenn Sie jene Ergebnisse erreichen, die zu erhoffen Sie jedes Recht haben . . . Es wäre mir, falls Ihnen das genehm sein sollte, eine wahre Freude, Ihnen den Weg zu weisen, wie Sie das meiste aus Ihrer Entdeckung machen können. Ich kann nicht verschweigen, daß ich darauf brenne, Ihre Experimente nach der Natur zu sehen."

Niépce und seine Frau verließen England sogleich. Wenige Tage später, am 10. Februar, starb Claude.

Kapitel V

Partnerschaft durch Korrespondenz

Neue Linsen von Chevalier

Auf der Heimreise hielt sich Niépce in Paris auf, sah Daguerre wieder und bestellte zwei Linsen bei Chevalier, dem Optik-Spezialisten.

Die erste von diesen war von Thomas Wollaston speziell für die *Camera obscura* entworfen worden. Er nannte sie *Periscope.* Es handelte sich um eine einzelne konkav-konvexe Linse (auch Meniskus genannt), die in die Kamera so eingesetzt wurde, daß die konkave Seite hinter einer Blende dem Objekt zugewandt war. In

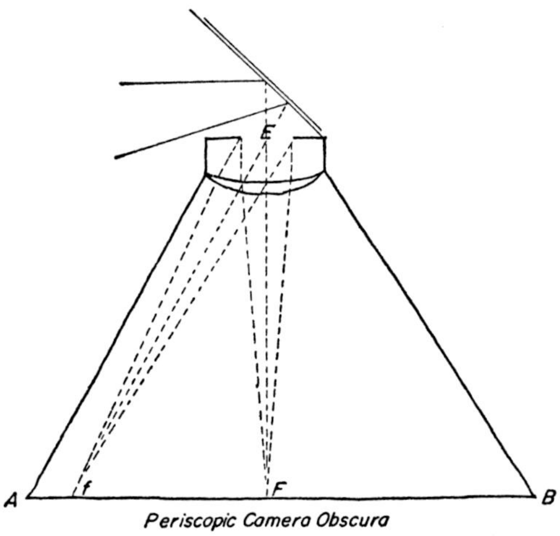

Periscopic Camera Obscura

Wollastons erster Beschreibung der Linse (in den *Philosophical Transactions of the Royal Society* für 1812) zeigte er sie in einer *Camera obscura* mit senkrechtem Einblick, die mit einem Spiegel ausgestattet war. Künstler bevorzugten diese Bauart, die in der Abbildung auf S. 21 gezeigt ist. Diese einfachste aller Kameralinsen gestattet ein wirksames Arbeiten nur, wenn die Öffnung sehr klein ist, also etwa bei f/11 liegt; infolgedessen mangelt es dem Bild an Helligkeit. Da nur eine Glassorte verwendet ist, ist die Linse nicht achromatisch, d. h. farbkorrigiert.

Das zweite Objektiv, das Niépce bei Chevalier bestellte, war ein achromatischer Dreilinser. Chevalier sandte ihm die Linsen einzeln und fügte einen Zettel mit einem Diagramm bei, das ihm zeigen sollte, wie die drei

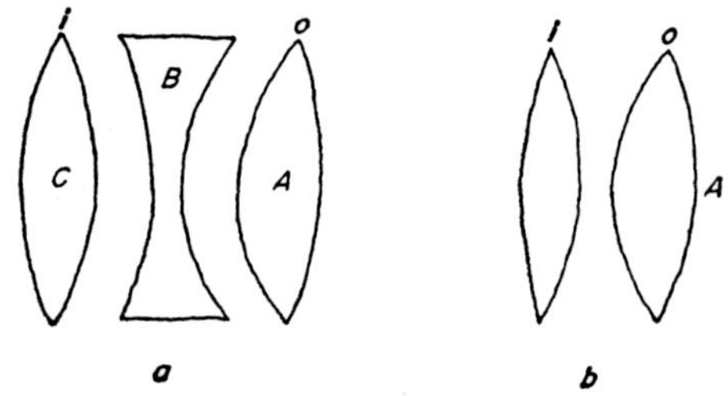

Einzellinsen zusammenzusetzen seien (siehe Zeichnung). „Wir haben Ihnen heute durch die Königliche Pferdepost das dreilinsige achromatische Objektiv von 30 Zentimeter Brennweite und 7,5 cm Durchmesser gesandt, dazu die Rechnung in Höhe von 102 Francs. Bitte beachten Sie, daß die Oberflächen, die zueinanderkommen sollten, mit O und I gekennzeichnet sind. Die Linse A sollte auf das Objekt und C zur Mattscheibe hin gerichtet sein, wenn die Einzellinsen zusammengesetzt sind . . .“ Diese Linse mit der Lichtstärke f/4 entspricht einem Fernrohr-Objektiv. Da wir weder die Brechungskoeffizienten der Gläser kennen, die Chevalier verarbeitet hatte, noch die genauen Radien der Einzellinsen, kann über die Qualität dieses Objektivs nichts gesagt werden. Offensichtlich aber ist, daß das Bild ausgeprägte Bildfeldwölbung zeigen mußte – einen Abbildungsfehler, den man mit einer Blende nicht korrigieren kann, weil beide äußeren Oberflächen konvex sind. Nach heutigen Begriffen wäre dieses Objektiv für fotografische Zwecke ungeeignet.

Niépce schrieb an Bauer, er habe diese beiden ganz verschiedenen Linsentypen gekauft, um Vergleiche anzustellen. Nach einigen Monaten solcher Versuche fand er, das Periskop sei um so vieles besser als der Dreilinser, daß er Chevalier bat, ihm ein Periskop von 60 Zentimeter Brennweite und 15 Zentimeter Durchmesser anzufertigen. Chevalier schrieb, eine solche Linse würde unverhältnismäßig teuer werden; er riet Niépce, eine

bikonvexe Linse zu benutzen, denn diese würde nur halb soviel kosten und seiner Meinung nach genauso gut sein.
Um jene Zeit begann Niépce, versilberte Kupferplatten statt derjenigen aus Zinn als Unterlage für den lichtempfindlichen Asphalt zu benutzen. Chevalier besorgte sie ihm von einem Silberschmied, der garantierte, daß sie vollkommen eben, gut poliert, von gleichmäßigem Format und von „Mark 20" seien; das letztere bedeutet, daß die Versilberung ein Zwanzigstel der Gesamtstärke ausmacht. Niépce machte auch Versuche mit Glasplatten, um, wie er sagte, die Wirkungen des Diorama nachzuahmen. Zu seinem Erstaunen entdeckte er, daß einige seiner Bilder Farben aufwiesen; er schrieb sie den Interferenz-Erscheinungen zu, die als Newton-Ringe bekannt sind. Obwohl es ihm niemals gelang, alle Farben des Spektrums aufzuzeichnen, gab er damit doch eine klare Definition des Problems, welches Gabriel Lippmann 1891 dann lösen sollte, nämlich mit seinem Interferenz-Verfahren der Farbfotografie.
1829 meinte Niépce, es sei nun an der Zeit, ein Buch über seine Entdeckungen zu schreiben. Mehrere Entwürfe der Disposition existieren. Im Gegensatz zu der bewußt verschwommenen Ausdrucksweise in seiner Korrespondenz ist diese Disposition logisch, einfach und ohne verhüllte Ausdrücke. Er hatte den Plan gefaßt, die Lichtempfindlichkeit folgender Substanzen zu beschreiben: Jod, Guajak-Harz, Chlorsilber, Judenpech (eine Form von Asphalt), Mangan-Superoxid und verschiedene tierische Öle. Es wäre ein erstaunliches Buch geworden – aber er hat es nie geschrieben. Daguerre nämlich riet ihm, es nicht zu tun; man würde schon andere Wege finden, seine Entdeckung nutzbar zu machen.
Niépce hatte Daguerre zu Beginn des Jahres 1829 geschrieben, aber zu seiner Enttäuschung verflossen Monate, bevor er eine Antwort erhielt. Daguerre entschuldigte sich: Es sei ihm nicht möglich gewesen, an seinen „Lichtexperimenten" zu arbeiten, weil seine Zeit völlig draufgegangen sei mit dem Herstellen der riesigen Leinwandgemälde für das Diorama, dazu mit Geschäftsreisen. Er sei überaus erfreut zu hören, daß Niépce Erfolg gehabt habe, und er würde sich glücklich schätzen, eins seiner Bilder zu sehen. Niépce schickte ihm eins zur Beurteilung und bat ihn, es auch Lemaître zu zeigen. Beide sandten bemerkenswert detaillierte und aufs Wesentliche zielende Kritiken.
Das Bild, so sagten sie, ließe es an Tonreichtum fehlen; lediglich drei oder vier Tonnuancen ließen sich unterscheiden. Sie schoben das auf den Ätzvorgang, und Daguerre riet Niépce, diesen Weg nicht weiterzuverfolgen. Beim ganzen Verfahren müsse insbesondere die Wiedergabe der Töne verbessert werden: „Wenn man sich vorstellt, daß jeder beliebige Schulknabe mit Hilfe einer *Camera obscura* nicht weniger exakt schwarzweiß und farbig zeichnen kann", so schrieb Daguerre, „ist weitere Vervollkommnung notwendig." Bessere Objektive seien notwendig; vor allem müßte die Belichtungszeit kürzer werden. Der Weg der Sonne über das Himmelszelt während der langen Belichtungszeit, die für die Bilder notwendig gewesen war, hatte entgegengesetzte Wände in gleicher Weise beleuchtet erscheinen lassen. Sowohl Daguerre als auch Lemaître schlossen ihre Briefe mit warmherzigen und großzügigen Angeboten, Niépce zu unterstützen.

Abschluß der Partnerschaft

Niépce nahm die Kritik günstig auf. Sein einziger Einwand war, daß beide Briefschreiber mit ihrer Annahme, die Platte sei geätzt, nicht recht hatten. Sie war von keiner Ätzflüssigkeit berührt, sondern durch eine neue Technik angedunkelt worden. In seinem Brief an Daguerre erinnerte Niépce ihn an die Gespräche, die sie in Paris über die Möglichkeit einer Zusammenarbeit geführt hatten, und bot nunmehr an, sowohl Daguerre als auch Lemaître als Partner aufzunehmen.
Daguerre antwortete, es würde ihm eine Freude sein, sich mit Niépce zu verbinden. Er sei dabei, ein neues Objektiv zu entwerfen, einen achromatischen Dreilinser, der „mehr Bildfeld" gäbe und von dreifacher Lichtstärke sei. Niépce hatte vorgeschlagen, die Platten zu retuschieren. Daguerre war entsetzt. Er war so weit, daß er das Kamerabild um seiner selbst willen respektierte und daß er hoffte, die Detailtreue der Kamera könnte jenes realistische Gefühl hervorbringen, auf welchem auch der Erfolg des Diorama beruhte. „Es ist der Natur eine Kunstlosigkeit zu eigen, die nicht zerstört werden darf", so schrieb er – in überraschender Vorausahnung jener besonderen Kamera-Ästhetik, die viele Jahrzehnte später als *straight photography* eine Rolle spielen sollte.
Als sein Vorschlag so rasch angenommen wurde, ließ Niépce seinen Rechtsanwalt einen Partnerschaftsvertrag für die Firma *Niépce, Daguerre et Lemaître* aufsetzen. Als Daguerre diese Unterlagen erhielt, fragte er Niépce, ob er sich gegenüber Lemaître bereits verpflichtet habe. Wenn nicht, so schlug er vor, ihn fallenzulassen. Er meinte, Lemaîtres besondere Fertigkeit als Radierer und

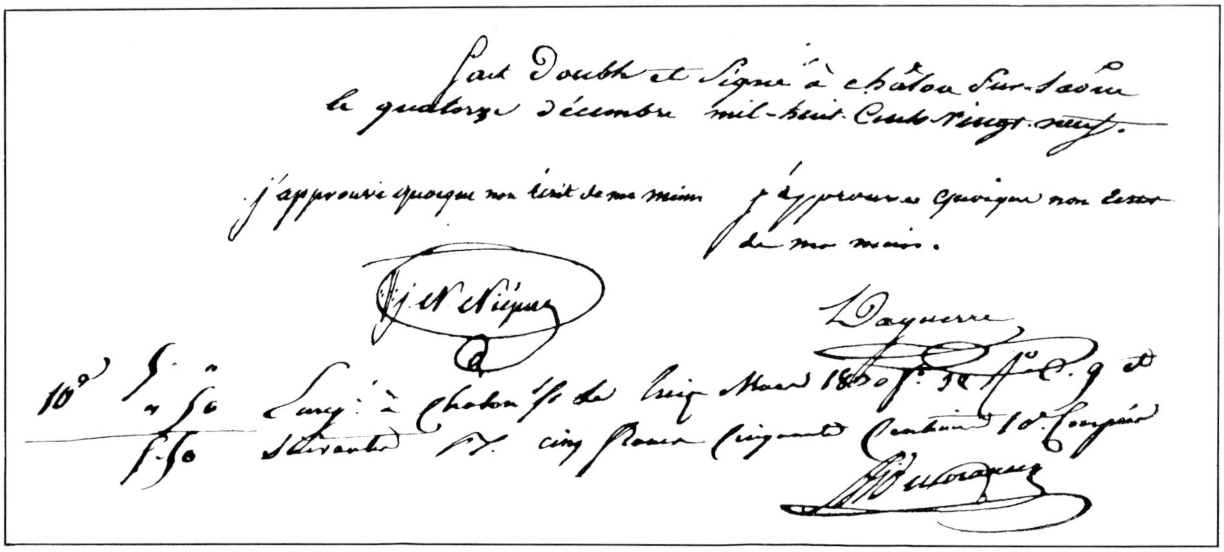
Fait Double et Signé à Chalon Sur-Saône
le quatorze décembre mil-huit-Cent-Vingt-neuf.

j'approuve quoique non écrit de ma main

J'approuve quoique non écrit de ma main.

J.N. Niépce

Daguerre

Die Schlußformeln des Vertrages vom 14. Dezember 1829, der die Bedingungen der beabsichtigten Zusammenarbeit zwischen Joseph Nicéphore Niépce und Louis Jacques Mandé Daguerre fixierte. Die Dauer war auf zehn Jahre festgelegt. Die Erträgnisse sollten geteilt werden. Nach Eder, „Geschichte der Photographie".

Ätzer sei nicht nötig. Fernerhin würde er es aus Gründen der Sicherheit nicht begrüßen, wenn das Geheimnis einem Dritten offenbart würde. Er schlug vor, daß das Verfahren als die Erfindung von Niépce, vervollkommnet durch Daguerre, veröffentlicht würde und fügte seinerseits einen Entwurf für einen entsprechenden Vertrag bei. Niépce sprach mit Lemaître, der sich einverstanden erklärte, auf Teilhaberschaft zu verzichten, dafür aber das Ausschließlichkeitsrecht erbat für jede Art von Ätzung und Gravierung, die notwendig werden könnten. Dann verfaßte Niépce für Daguerre eine eingehende Beschreibung seines Asphalt-Verfahrens.

Am 10. Dezember 1829 reiste Daguerre mit der Postkutsche von Paris ab und kam in Chalon drei Tage später an. Am 14. wurde der Vertrag unterzeichnet, und Daguerre kehrte nach Paris zurück. Er hat Niépce nie wiedergesehen. Die Zusammenarbeit vollzog sich von da ab ausschließlich durch Korrespondenz.

Das Geheimnis der Zusammenarbeit

Zum erstenmal in den langen Jahren beharrlicher Arbeit hatte Niépce nun einen tatkräftigen Helfer. Er stand nicht länger allein. Daguerres erster Beitrag bestand darin, eine Liste von numerierten Worten und Sätzen zu entwerfen. Offensichtlich sollte das sowohl eine Art von Stenografie als auch ein Geheimcode sein. Jeder Brief, der an Niépce abging, hatte eingangs eine Liste neuer Worte. Diese trugen keine Nummern, sondern sollten in chronologischer Ordnung der Anfangsliste hinzugefügt werden. Dadurch ließ sich die Vertraulichkeit aufrechterhalten, denn selbst wenn ein Brief in „Feindeshand" gefallen wäre, hätte sich sein Inhalt ohne die Anfangsliste doch nicht verstehen lassen. Eine typische Briefpassage liest sich so:

„Wie Sie, mein Herr, habe ich bemerkt, daß 6, 7, 8, 9 und 10 keine Wirksamkeit haben, weil sie jedes für sich mit 1 oder 44 kein Ergebnis bringen. Es scheint mir wie Ihnen, daß 5 die notwendigen Eigenschaften hat außer für 52."

Nachfolgend die Worte, die statt der Ziffern einzusetzen sind:

1 Lavendelöl
5 Judenpech (Asphalt)
6 Sandarak-Harz
7 Mastix
8 Gummilack
9 Wachs
10 Kopal-Harz
44 Dippels animalisches Öl
52 Weiß

Die Briefe sind übervoll mit der Beschreibung von Experimenten. Daguerre fragt zum Beispiel, ob Niépce die Wirkung elektrischen Stroms auf die Empfindlichkeit bemerkt habe. Er berichtet, daß er ein Bild mit Hilfe des Sonnenmikroskops aufgezeichnet habe, und schickt eins dieser Instrumente nach Chalon, zusammen mit einer Zeichnung, welche den optischen Vorgang erläutert. Am 10. Mai 1831 machte Daguerre eine Beobachtung, die sich als entscheidend wichtig erweisen sollte: „Ich habe mehrere Versuche mit 20 [Jod] angestellt; diese Substanz ist sehr empfindlich für 46 [Licht]." Man wird sich erinnern, daß Niépce Jod unter die lichtempfindlichen Materialien gerechnet hatte, über die er in seinem geplanten Buch schreiben wollte. Wenn Niépce aber glaubte, daß das Element Jod lichtempfindlich sei, so irrte er sich. Wie die anderen Halogene, Chlor und Brom, ist es lediglich in bestimmten Verbindungen, vor allem mit Silber, lichtempfindlich. Niépce benutzte Joddämpfe, um jene Bereiche seiner Silberplatte anzudunkeln, die dadurch freigelegt worden waren, daß die unbelichtete Harzschicht aufgelöst worden war. Das Jod verband sich mit dem Silber zu Silberjodid. Aber das Licht verwandelte dieses Salz sogleich zu feinverteiltem Silber zurück, welches das Licht nicht reflektierte, sondern absorbierte – und infolgedessen dunkel erschien.

In seinem nächsten Brief, datiert vom 21. Mai, beschreibt Daguerre dieses Salz. „Nach vielen neuen Versuchen glaube ich nun, daß wir unsere Forschungen auf 20 [Jod] konzentrieren sollten. Es ist in hohem Maße lichtempfindlich, wenn es mit 18 [Silberplatte] zusammenkommt. Aber man sollte dabei einen bestimmten Punkt nicht überschreiten; das heißt, das 18 [Silberplatte] sollte herausgenommen werden, sobald es eine schöne und gleichmäßige Goldfärbung hat. Es geht dann nämlich in verschiedene bläuliche und bronzene Farben über, welche nicht die gleiche Empfindlichkeit für 46 [Licht] haben. Ich habe in dieser Goldfärbung auf dem 18 [Silberplatte] Resultate mit zufriedenstellender Empfindlichkeit erzielt, nämlich weniger als drei Minuten in der 13 [Kamera], 29 [Radierungen] in der 56 [Sonne] in einer Minute und im Mikroskop in zwei Minuten." Er bemerkte, daß die Tonwerte umgekehrt (also negativ) erschienen, und bedauerte, daß er noch keine Methode erfunden hätte, das Bild zu fixieren.

Eine mögliche Lösung, die Lichter und Schatten umzukehren, schwebte ihm vor. Wenn er eine Silberjodid-Platte unter einem Stich eine Stunde statt einer Minute

Oben: Eine Lithografie, die Jean Philippe Schmit (1790–1832) nach einer Zeichnung Daguerres schuf. Sie zeigt dessen Bühnenentwurf für das Stück „Elodie" am Théâtre de l'Ambigue Comique. International Museum of Photography, Rochester.

Unten: Eine von Niépce nach Daguerres Lithografie hergestellte Heliografie. Sie wurde Francis Bauer von Niépce geschenkt. Royal Photographic Society, London.

belichtete, dann stellte er fest, daß die Töne des Abdrucks Licht als Licht und dunkel als dunkel in tiefem Blau ergaben, „genau wie eine Blüte auf einem Pflaumenbaum". Er regte an, daß „es sicherlich den Zeitaufwand lohne, mit dieser Substanz zu arbeiten".

Daguerre hatte das Phänomen der sogenannten Solarisation beobachtet: die Umkehrung der Töne bei extremer Überbelichtung. Er hat dieses Phänomen nicht weiterverfolgt. Doch all seine weitere Arbeit basierte auf diesen bemerkenswert scharfsinnigen Beobachtungen über die Eigenschaften von Silberjodid.

Obwohl Niépce mit Jod experimentiert hatte, war er ohne Erfolg geblieben. Darüber berichtete er Daguerre: „Ich hatte mich mit dem gleichen Versuch beschäftigt, bevor wir in Partnerschaft traten. An einen Erfolg aber habe ich nicht geglaubt, denn ich habe es als eine fast unmögliche Aufgabe angesehen, die belichteten Bilder dauerhaft zu fixieren – selbst wenn es uns gelingen sollte, Licht und Schatten in ihrem richtigen Verhältnis wiederzugeben . . .

Im letzten Jahr habe ich neue Experimente mit Jod unternommen, nachdem Sie von hier abgereist waren, aber nach einem anderen Verfahren. Nachdem ich Ihnen die Resultate mitgeteilt und ihre wenig ermutigende Antwort erhalten hatte, entschloß ich mich, diese Versuche abzubrechen. Nun sieht es so aus, als betrachteten Sie die ganze Frage mit größerer Hoffnung . . ." Er wiederholte seine Versuche, doch wiederum ohne Erfolg – und im November gab er diesen Weg auf.

Am 3. Oktober 1832 berichtete Daguerre, er habe eine neue Linse von 15 cm Brennweite entworfen: „Es ist ein verkitteter Achromat aus zwei Einzellinsen, der eine periskopische Form ergibt. Dazu ist eine Blende nötig, deren Öffnung vom Durchmesser der Linse bestimmt wird. Die Schärfe, die ich damit erziele, übertrifft selbst jene, die wir beim Kontaktdruck von 29 [Radierungen] erhalten haben." Die neue Linse sagte ihm so zu, daß er alle anderen beiseite legte; er sandte eine Skizze mit der neuen Anordnung (siehe Abbildung) an Niépce, wobei

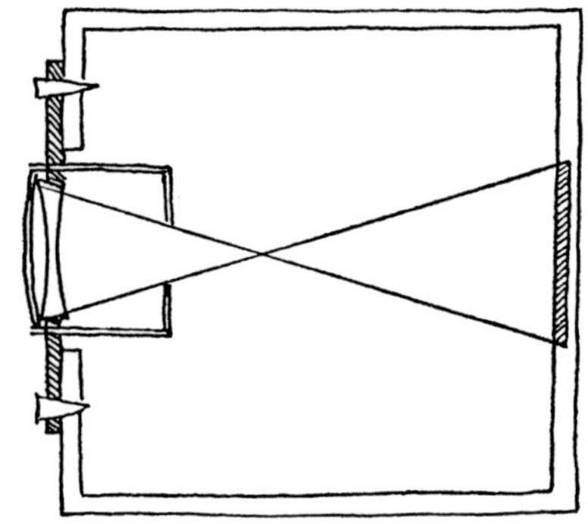

er darauf hinwies, daß die konvexe Seite der Linse dem Objekt und die konkave Seite der Platte zugewandt sein müßte.

Am 6. Juni 1833 schrieb Daguerre, daß ihm Glas schließlich und endlich besser erscheine als Silberplatten, denn die letzteren neigten zum Oxydieren. Es machte ihm Sorge, daß er und Niépce mit ganz verschiedenen Wassersorten arbeiten mußten, und er drückte seine Betrübnis aus über die Tatsache, daß die Geschäfte des Diorama so schlecht gingen, daß er sich Reisen nicht leisten konnte.

Am 5. Juli 1833 starb Niépce unerwartet an einem Schlaganfall. Er war 69 Jahre alt geworden.

Kapitel VI

Die Daguerreotypie

Der Tod des Partners traf Daguerre schwer. „Ich hatte Monsieur Niépce lieb, als wäre er mein Vater gewesen!", schrieb er an Isidore. „Dieser harte Schlag ist für mich genauso schrecklich wie für Sie. Während ich Ihnen dieses schreibe, sind meine Augen von Tränen naß . . . Wir müssen unsere Anstrengungen verdoppeln, damit wir seinen Namen unsterblich machen, indem wir seine Entdeckung bekanntgeben."
Keiner der beiden brachte es über sich, sich wieder an die Arbeit zu machen. Bald wurde es Daguerre klar, daß Isidore nicht die Qualitäten seines Vaters hatte. Daguerre hatte um seinen Lebensunterhalt zu ringen, und die Arbeit an dem Diorama-Gemälde „Die Mitternachtsmesse" war außerordentlich schwer. „Von sechs Uhr am Morgen bis sechs Uhr abends habe ich an meinem Gemälde gearbeitet", schrieb er an Isidore, „aber ich habe den Eindruck, daß Sie nicht das mindeste getan haben. Eigentlich müßte ich Sie schelten, denn Sie wissen, daß wir in der Lage sein müssen, eine stattliche Zahl wirklich vollkommener Bilder vorzuweisen, bevor wir irgend etwas bekanntgeben können . . . Sie sehen also, *mon cher Isidore,* auf Sie wartet harte Arbeit!"

Bildentwicklung durch Quecksilberdämpfe

Es geschah offensichtlich im Jahr 1835, daß Daguerre die Entdeckung machte, welche der zweite Grundpfeiler seines vervollkommneten Verfahrens werden sollte: die Nachbehandlung der belichteten Silberjodid-Platte mit Quecksilberdampf. Dadurch wurde auf den belichteten Teilen der Platte ein weißliches Amalgam gebildet. Es handelte sich, in einem gewissen Sinn, um „Entwicklung". Wenn Licht auf Jodsilber einwirkte, so reduzierte es diese Verbindung zu freiem Silber; an der Oberfläche der Platte wurden an jenen Stellen Quecksilberatome aufgenommen. Auf die unbelichteten Bereiche hingegen hatte das Quecksilber keine Wirkung; dort blieb das Jodsilber bestehen. Es ist nicht recht klar, auf welche Weise Daguerre seine ersten Platten fixierte; möglicherweise durch Baden in einer starken Kochsalzlösung. Dadurch nämlich konnte sich ein kompliziertes Silber-Chlorid-Jodid-Salz von verhältnismäßig geringer Lichtempfindlichkeit bilden. Theoretisch lag im Fixiervorgang nicht das Hauptproblem; da das unbelichtete Silberjodid den Schatten des Bildes entsprach, konnte deren späteres Nachdunkeln durch Lichteinfluß den Helligkeitsunterschied zwischen Licht und Schatten nur noch verstärken.
Wie das, was man die „Quecksilberbehandlung" genannt hat, zustande kam, ist nicht stichhaltig überliefert. Von reichlichem Kolorit ist eine Anekdote, die berichtet, daß Daguerre durch Zufall auf dieses Verfahren gestoßen sei. Er hatte, so wurde erzählt, eine Anzahl exponierter Silberjodid-Platten in einem Schrank untergebracht, der verschiedene Chemikalien enthielt. Nach einigen Woche bemerkte er ein sehr schönes kräftiges Bild auf einer der Platten. Er exponierte frische Platten und legte sie in den Schrank; nach einigen Stunden waren auf ihnen ebenfalls gute Bilder entstanden. In diesem Schrank schien Zauberwerk zu walten. Indem er eine Substanz nach der anderen aus dem Schrank entfernte, entdeckte Daguerre schließlich, daß der Stoff, der die Bilder hatte herauskommen lassen, Quecksilber gewesen war.

Die neue Partnerschaft: Daguerre und Isidore Niépce

Nunmehr lag alle Initiative bei Daguerre. Aber obwohl er das Asphaltverfahren des Niépce durch sein Jodsilber-Verfahren ersetzt hatte, wollte er doch die Partnerschaft mit Isidore fortsetzen. So wurde denn am 9. Mai 1835 der erste Paragraph des ursprünglichen Vertrages geändert; er lautete nunmehr:
Art. I. Es wird eine Teilhaberschaft begründet zwischen den Herren Daguerre und Isidore Niépce, und zwar unter der Firmenbezeichnung Dag. und I-re Niépce, zum

Zweck der Nutzbarmachung der Erfindung, die von Daguerre und dem verstorbenen Monsieur Niépce gemacht worden ist.

Historiker haben Daguerre beschuldigt, in diesem Zusatz läge eine Übervorteilung. Im Gegenteil – es war ein Akt der Großzügigkeit. Daguerre hatte ein neues Verfahren ausgearbeitet – und zwar praktisch auf sich allein gestellt. Irgendwie hatte er dafür noch genug Zeit von seiner Arbeit am Diorama abzweigen können. Isidore war, nach der Korrespondenz zu urteilen, für ihn überhaupt keine Hilfe; trotzdem bestand er darauf, fruchtlose Versuche mit jenem Verfahren seines Vaters

Der Bildentwicklung durch Quecksilberdämpfe, von Daguerre um 1835 entdeckt, diente ein sinnreiches Gerät. Das abgebildete entstammt der Ausrüstung, die zu Voigtländers Metallkamera von 1841 (Abb. S. 81) gehörte. Deutsches Museum, München.

weiterhin zu betreiben, das Daguerre längst aufgegeben hatte.

Die früheste noch existierende Daguerreotypie ist ein Stilleben, das Daguerre in seinem Atelier aufnahm (s. rechte Seite). Das Bild, das sich heute in der Sammlung der *Société Française de Photographie* in Paris befindet, ist detailreich und von guter Tonabstufung. Hinten auf dem Rahmen trägt es das Datum 1837.

In jenem Jahr entwarf Daguerre einen neuen Vertrag und bat Isidore, ihn zu unterzeichnen. Darin war festgelegt, auf welche Weise die Bekanntgabe und der Verkauf zweier getrennter Erfindungen vor sich gehen sollten: einmal des ursprünglichen Verfahrens des Monsieur Niépce – und zum anderen des neuen Jodsilber-Verfahrens, welches Daguerre für sich selbst beanspruchte. „Diese Erfindung", so stand im Vertragsentwurf, „soll den Namen Daguerre allein tragen, doch kann er nur gleichzeitig mit dem ersten Verfahren bekanntgegeben werden; mit anderen Worten, der Name des Monsieur Joseph Nicéphore Niépce muß immer, wie es rechtens ist, bei dieser Erfindung eine Rolle spielen." Die Veröffentlichung der beiden Erfindungen war auf dem Wege der Subskription vorgesehen, die in der Presse angekündigt werden sollte. Als Subskriptionsfrist war vorgesehen die Spanne vom 15. März 1838 bis zum 15. April 1839. 400 Subskriptionen sollten zum Preis von je 1000 Francs angeboten werden. Sollte ein *einzelner* Käufer beide Verfahren erwerben wollen, so sollte der Verkaufspreis nicht unter 200 000 Francs angesetzt werden.

Isidore war wütend. Für ihn war Daguerre ein ungetreuer Opportunist und auf nahezu brutale Weise unanständig. Er verweigerte seine Unterschrift. Er kündigte an, daß er das Andenken seines Vaters mit jedem nur möglichen Rechtsmittel schützen wollte. „Sie haben recht", antwortete Daguerre. „Sie würden in meinen Augen verlieren, wenn Sie sich anders verhalten hätten gegenüber einem Mann, dessen Gedächtnis mir genauso lieb und wert ist wie Ihnen." Daguerre bot eine andere Lösung an; sie würden gemeinsam das noch nicht fertige Verfahren des Niépce verkaufen; sein eigenes würde er allein verkaufen. Isidore gab nach und unterschrieb.

Daguerre reagierte auf den Angriff durch seinen widerspenstigen Partner, indem er zu technischen Fragen nunmehr schwieg. Isidore sagte, daß Daguerre ihm das Geheimnis seines Verfahrens niemals preisgegeben habe. Die Korrespondenz zwischen den beiden beschränkte sich von nun an auf geschäftliche Verhandlungen. Am 28. April 1838 schlug Daguerre vor, den Plan

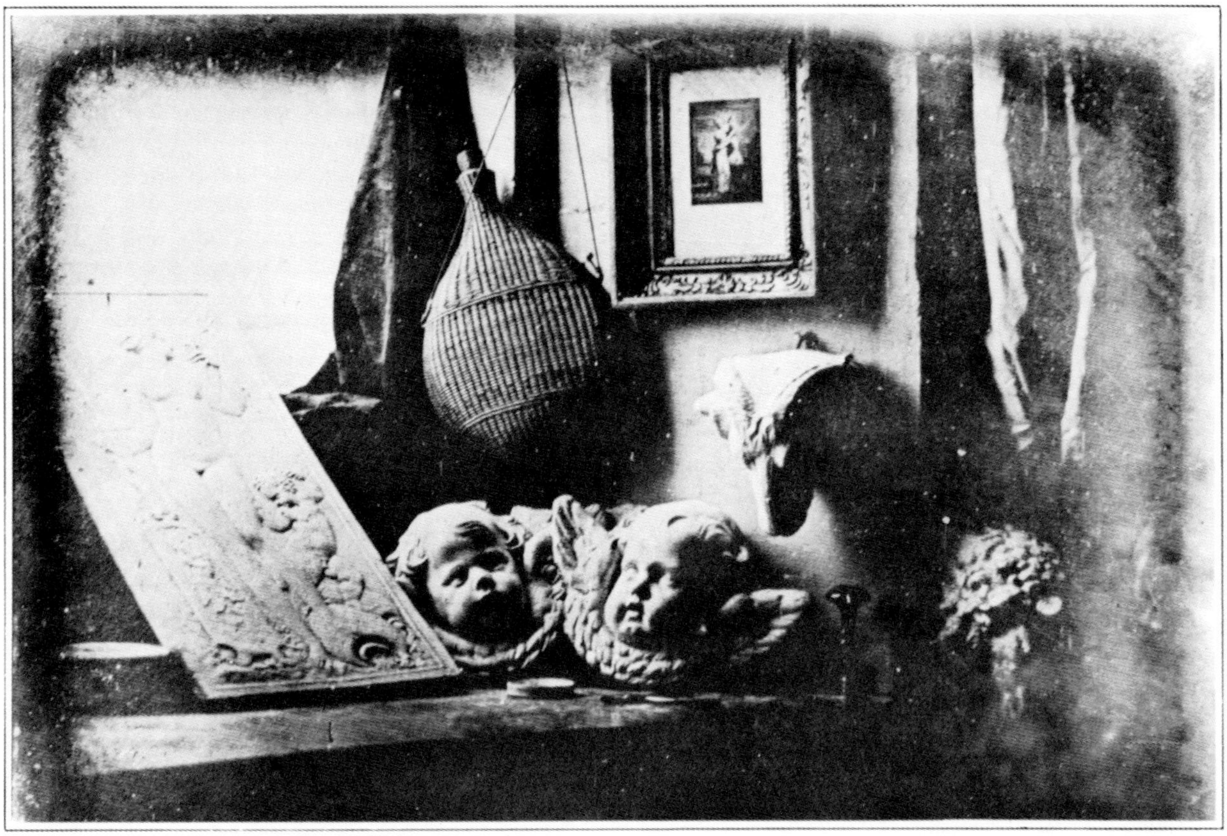

Die ersten Daguerreotypien hatten vorwiegend Stilleben zum Gegenstand – hier eine Ecke aus Daguerres Atelier. 1837. Société Française de Photographie, Paris.

eines Verkaufs der Erfindung auf dem Subskriptionswege fallen zu lassen: denn ein Geheimnis, das man auch nur einer Person verkauft habe, sei nicht länger ein solches. Er hielt es für besser, einen Agenten oder eine Firma zu suchen, die sich mit der geschäftlichen Seite befassen sollte; dadurch könnte er frei werden, an der weiteren Vervollkommnung des Verfahrens zu arbeiten – dies besonders deshalb, weil er bis dahin nur sechs wirklich gute Bilder vorzuweisen hatte. Ans Ende dieses enttäuschenden Briefes schrieb er: „Ich habe meinem Verfahren den Namen Daguerreotipe [sic] gegeben.“ Am 2. Januar 1839 sandte Daguerre seinem Teilhaber ein triumphierendes Schreiben: „Endlich habe ich Monsieur Arago gesehen . . . Ich bin ganz und gar einverstanden mit Herrn Aragos Vorstellung, nämlich die Erfindung von der Regierung ankaufen zu lassen . . . Monsieur Arago wird diesen Vorschlag nächsten Montag in der *Académie des Sciences* vorbringen . . . Ich glaube nicht, *cher ami*, daß ihre Gegenwart dabei erforderlich sein wird.“

Kapitel VII

Die Kunst des fotogenischen Zeichnens

Mit Arago als Fürsprecher erhielt Daguerre sogleich Anerkennung und Hilfsversprechen von der französischen Regierung.

Der Engländer Talbot hingegen hatte, auch wenn ihm der Zugang zur *Royal Society* offenstand, keine derartige Gewißheit offizieller Unterstützung. Durch die Ankündigung der *Académie des Sciences* war er vollkommen überrascht worden und sah sich nun gezwungen, seinerseits mit einer hastigen, verfrühten Ankündigung herauszukommen. „„. . . Ich hatte keine Wahl; wenigstens meinte ich, ich hätte keine – und das kommt ja nahezu auf das gleiche hinaus", schrieb er später. „Aber ich hatte niemals für einen Moment angenommen, daß dieses Memorandum [für die *Royal Society*] fälschlicherweise für eine regelrechte, von mir geschriebene Abhandlung gehalten würde, die sich erschöpfend mit der fotogenischen Kunst befaßt . . . Viele Punkte waren ja notwendigerweise weggelassen oder verkürzt dargestellt worden . . ."

Talbot enthüllt sein Verfahren vor der Royal Society

Die Franzosen muteten Talbot unbillige Hast zu. Obwohl sie einen gewissen Respekt für ihn – wegen seiner herausragenden Stellung in der Welt der Wissenschaft – nicht verleugnen konnten, verlangten sie doch praktisch, daß er durch Publikationsnachweise die Priorität, die er beanspruchte, etablieren sollte. Biot hatte im *Compte rendu* (Sitzungsbericht) der *Académie des Sciences* einen ausführlichen Bericht gegeben über ein Papierverfahren, welches Daguerre, so sagte er, 1826 aufgegeben hatte. Biot meinte, es sei mit dem Talbot-Verfahren identisch gewesen. Es war keine Zeit zu verlieren!

Sir David Brewster setzte seinem Freund Talbot zu, er solle seine Erfindung patentieren lassen.

„Ich hoffe, Sie haben vor, die Sache weiterzuverfolgen und das Verfahren möglichst noch zu vervollkommnen", schrieb er am 4. Februar 1839 an Talbot, als er ihm den Empfang der *Literary Gazette* bestätigte. „Sie sollten es völlig geheimhalten, bis Sie feststellen, daß ein weiterer Fortschritt nicht möglich ist – und dann wäre es äußerst ratsam, Ihre Rechte durch ein Patent abzusichern. Wenn es auch gar nicht erforderlich ist, daß Sie sich mit der Sache in einem kommerziellen Sinn befassen, so würde doch ein Patent Ihrer Erfinder-Priorität eine wesentlich solidere Basis geben. Und ich vermag nicht einzusehen, warum ein Gentleman, auch wenn er ein unabhängiges Einkommen hat, Skrupel haben sollte, Nutzen aus einer Erfindung zu ziehen, die seinem Genie entspringt."

Talbot folgte dem Rat des Freundes nicht. In einer Niederschrift, die bei der Sitzung der *Royal Society* vom 21. Februar 1839 verlesen wurde, gab er Technik und Verfahren ohne Einschränkungen bekannt.

Seine Verfahrensanleitung war einfach: „Um herzustellen, was man gewöhnlich fotogenisches Papier nennen könnte, wähle ich vor allem Papier, das von guter, fester Qualität und glatter Oberfläche ist. Ich kenne dafür nichts Besseres als besonders feines Schreibpapier. Ich tauche es in eine schwache Lösung von Kochsalz (Natriumchlorid, NaCl) und wische es trocken; dadurch wird das Salz gleichmäßig im Papierfilz verteilt. Dann bringe ich – und zwar lediglich auf einer Seite – eine Lösung von Silbernitrat ($AgNO_3$) auf und trockne das Ganze in der Wärme des Kaminfeuers. Die Lösung darf nicht gesättigt sein, sondern sieben- oder achtmal mit Wasser verdünnt. Wenn das Papier trocken ist, kann es benutzt werden."

Durch diese Art der Behandlung wurde Silberchlorid (AgCl) in der Papierfaser ausgefällt:

$$NaCl + AgNO_3 = AgCl + NaNO_3$$

Durch Zufall hatte Talbot herausgefunden, daß sein Papier, falls dem Licht ausgesetzt, rascher dunkel wurde, wenn er es mit einer nur *schwachen* Lösung von Kochsalz anfeuchtete und dann in einer *starken* Lösung von Silbernitrat badete. „Dieser unerwartete Umstand", schrieb er, „bot eine einfache Erklärung dafür, warum frühere Forscher bei ihren Versuchen mit Chlorsilber dieses wichtige Resultat nicht erzielt hatten. Nämlich deshalb, weil sie immer mit den falschen Proportionen von Kochsalz und Silbernitrat gearbeitet hatten – viel Salz nämlich, um ein gewissermaßen ‚vollkommenes' Chlorid zu erzielen, wohingegen es erforderlich gewesen wäre (wie nunmehr offenkundig), es an Kochsalz mangeln zu lassen, um ein sozusagen ‚unvollkommenes' Chlorid hervorzubringen. Vielleicht sollte man es ein Silber-Subchlorid nennen."

Diese grundlegende Entdeckung war der Wissenschaft verborgen geblieben. Jahrelang hatte man angenommen, daß jegliches Chlorsilber, wie immer entstanden, das gleiche war: Ein Atom Silber verbindet sich mit einem Chlor-Atom zu einem Molekül Silberchlorid. Im Sinne des Gesetzes der konstanten Proportionen ist die genaue Menge von Silber und Chlor, die für die Herstellung eines „vollkommenen" Chlorsilbers erforderlich ist, direkt proportional den Atomgewichten. So verbinden sich 107,9 Gewichtseinheiten von Silber – nicht mehr und nicht weniger – mit 35,5 Gewichtseinheiten von Chlor zu Silberchlorid. Die Chemiker zu Zeiten Talbots waren der Meinung, daß jeglicher Überschuß, entweder von Silber oder von Chlor, einfach in der Lösung verbliebe und mit der Bildung des ausgefällten Salzes nichts zu tun hätte.

Eine moderne Erklärung für Talbots Entdeckung

Heute ist unsere Vorstellung von kristallinischer Materie nicht mehr an einzelne Moleküle geknüpft, sondern an die Verbindung von einer großen Anzahl von Molekülen oder Ionen in den Kristallen. Die Ionen (das sind elektrisch geladene Atome) sind durch gegenseitige elektrische Anziehung in einer dreidimensionalen Struktur verbunden, deren Form im einzelnen die physikalischen und chemischen Eigenschaften der kristallinischen Verbindung bestimmt. Im Silberchlorid liegen Silber und Chlor als Ionen vor. Jedes Silber-Atom hat einem Chlor-Atom ein Elektron abgegeben; dadurch sind positiv geladene Silber-Ionen (Ag+) und negativ geladene Chlor-Ionen (Cl–) entstanden. Sie bilden ein Kristallgitter, wie nachstehend gezeigt:

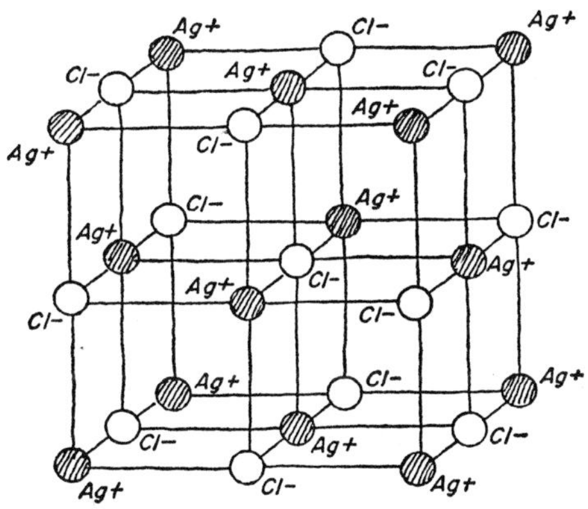

Jegliche überschüssigen Ionen streben zu entgegengesetzt geladenen Ionen an der Oberfläche des Kristalls und werden absorbiert. Blickt man auf eine Fläche eines Silberchlorid-Kristalls, der mit Silber-Ionen-Überschuß hergestellt wurde, so sehen wir, daß (im Idealfall) der

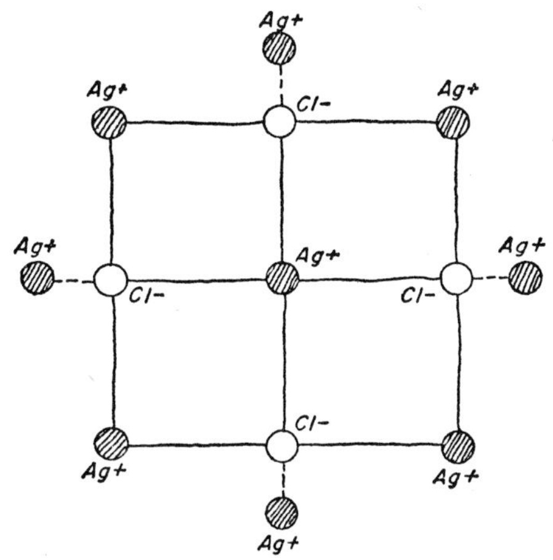

ganze Kristall positiv aufgeladen wird (siehe Abbildung). In Wirklichkeit werden zwar nicht alle negativ geladenen Chlor-Ionen neutralisiert, wohl aber sehr viele.

Dabei nun handelt es sich um jene Art von Silberchlorid, die Talbot als besonders gut geeignet fand. Dieses Silberchlorid wird dunkel durch direkten Lichteinfluß, der bewirkt, daß der geschilderte Elektronenaustausch sich umkehrt. Einige Silber-Ionen erhalten ein Elektron, sie werden zu Silber-Atomen:

$$Ag^+ + \text{Elektron} \rightarrow Ag.$$

Wenn die Chlor-Atome (Cl) oder -Moleküle (Cl_2) nicht etwas Bewegungsfreiheit haben, werden sie sich wieder mit den Silber-Atomen vereinigen. Deshalb müssen in dem System Akzeptoren vorhanden sein. Wenn es sich, wie bei Talbots Versuchen, um Papierunterlagen handelt, verbindet sich ein Teil des Chlors mit dem Zellstoff des Papiers oder mit den Füllstoffen, die es enthält.

Talbots Stabilisatorbad

Silberchlorid, das mit einem Überschuß von Chlor-Ionen hergestellt wurde, ist im Idealfall negativ geladen (siehe Abbildung auf der folgenden Seite).

Es ist weit weniger empfindlich für die direkte Lichteinwirkung als die positiv geladene Form. Was Talbot damals nicht wußte: Selbst wenn Licht wenig oder gar keine sichtbare Veränderung hervorrief, hätte das belichtete Silberhalogenid doch durch eine nachfolgende chemische Behandlung zu Silber reduziert werden können.

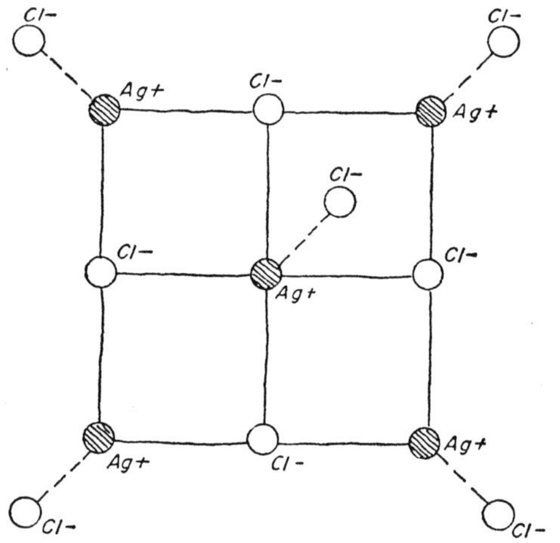

Talbot profitierte von dieser Unempfindlichkeit, um seine „fotogenischen Zeichnungen" gewissermaßen zu fixieren, so daß diese bei der Prüfung im Tageslicht nicht gleich vollständig dunkel wurden. Er badete die Bilder in einer starken Kochsalzlösung. Die Chlor-Ionen aus der Lösung werden von den unbelichteten Silberchlorid-Kristallen adsorbiert und machen sie relativ unempfindlich gegen direkten Lichteinfluß. Das war nicht ein echter „Fixier"-Vorgang. In heutiger Ausdrucksweise: Er „stabilisierte" die Bilder. Damit löste er das Problem, mit welchem Wedgwood und Davy vergebens gerungen hatten.

Ein Alternativverfahren, die Bilder einigermaßen beständig zu machen, bestand darin, das Papier nach der Belichtung in einer Kaliumjodid-Lösung zu baden. Dadurch werden nicht nur die restlichen Silbersalze in Silberjodid umgewandelt, sondern es werden auch die Kristalle durch Anlagerung von negativen Ionen, in diesem Fall Jod, stabilisiert. Talbots Behauptung, Silberjodid sei „bei Sonnenschein absolut unveränderlich", trifft nicht zu. Er wußte nicht, daß Daguerres Verfahren gerade auf der Lichtempfindlichkeit von Silberjodid beruhte.

In der Praxis sah es jedenfalls so aus, daß Talbots Technik seine Negative hinreichend „stabil" machte, um einer Lichteinwirkung so lange zu widerstehen, bis Kontaktabzüge angefertigt waren.

Talbot sandte eine kurze Zusammenfassung seiner Niederschrift, in Französisch abgefaßt, an Arago für die *Académie des Sciences.* Der Schluß lautete: „Mein ausgezeichneter Freund, Sir John Herschel, hat mir kürzlich ein sehr schönes Verfahren demonstriert, das er für die Haltbarmachung fotogenischer Bilder erfunden hat. Aber ohne seine Genehmigung kann und will ich es nicht beschreiben. Ich möchte lediglich sagen, daß ich seine Versuche mit vollem Erfolg nachvollzogen habe."

Kapitel VIII

Fixiersalz

Sir John Herschel beschließt, das Rätsel zu lösen

Sir John Frederick William Herschel (s. Abb. folg. Seite), der frühere Präsident der *Royal Society,* berühmt als Mathematiker, Chemiker und Astronom, hörte am 22. Januar 1839 zum erstenmal von Daguerres Ankündigung, als er nämlich eine Nachricht darüber von seinem Kollegen Captain Francis Beaufort erhielt. (Dieser war Hydrograph der Royal Navy; sein Name ist heute noch bekannt, und zwar durch die Windstärke-Skala, die er erfand und die seinen Namen trägt.)
Herschels wissenschaftliche Neugier war sogleich entfacht, und er machte sich daran, das Mysterium in seinem Laboratorium zu lösen; dieses befand sich in Slough, einer Stadt etwa 30 km westlich von London bei Windsor Castle. Sein Notizbuch, das sich heute im Londoner *Science Museum* befindet, gibt uns aus erster Hand einen lebhaften Eindruck von der Art, wie er seinerseits ein brauchbares fotografisches System entwickelte.
Am 29. Januar schrieb er oben auf eine leere Seite: „Experimente, die ich während der letzten paar Tage unternommen habe, seit ich von Daguerres Geheimnis gehört habe und davon, daß Fox Talbot auch etwas von ganz ähnlicher Art hat."
„Experiment 1012 . . . Schwärzung von Silbersalzen, auf Papier angebracht." Er versuchte vier Silbersalze: Chlorsilber, kohlensaures bzw. essigsaueres Silber und Silbernitrat (Höllenstein). Die Lichtempfindlichkeit, welche die in diesen Chemikalien gebadeten Papiere aufwiesen, testete er, indem er sie wie folgt belichtete: „ . . . zwischen den Blättern eines Buches – ein Drittel im Buch, zwei Drittel außerhalb".
Er notierte, daß das Silberkarbonat die höchste Lichtempfindlichkeit aufwies, sich aber nur schwierig auf Papier auftragen ließ. Er kam zu dem Schluß, daß Silbernitrat am besten geeignet sei. Weiterhin merkte er vor, auch Silberbenzoat, Silber-Ferrocyanat und Silberfulminat zu testen.
Experiment 1013, ebenfalls am 29. Januar durchgeführt, war von epochemachender Bedeutung: „Probierte Natriumthiosulfat [hier ist der heute übliche deutsche Ausdruck verwendet; Herschel sprach irrtümlicherweise von *hyposulphite of soda;* daher noch heute im Englischen der abgekürzte Ausdruck *hypo* für Fixiersalz; *d. Übs.*], um die Wirkung des Lichts dadurch zu stoppen, daß alles Silberchlorid oder andere Silbersalze herausgewaschen werden. Klappte vorzüglich. Das Papier, das zur Hälfte dem Licht ausgesetzt, zur anderen Hälfte vom Licht abgeschirmt war (durch Bedeckung mit Karton), wurde aus dem Tageslicht gebracht und dann mit Natriumthiosulfat-Lösung besprüht, schließlich in reinem Wasser gut gewaschen, dann getrocknet und wieder belichtet. Die angedunkelte Hälfte blieb dunkel, die weiße Hälfte weiß, und zwar nach beliebiger Belichtung."
Diese von Herschel gefundene Fixiertechnik ist noch immer das übliche Verfahren bei allen fotografischen Prozessen, die durch Silbersalze bewirkt werden. Die Substanz, die er als *hyposulphite of soda* beschrieb, gehörte zu einer Gruppe von Salzen, abgeleitet von einer Säure, die durch ihn 1819 entdeckt worden war. Inzwischen hat man erkannt, daß dieses besondere Salz die Formel $Na_2S_2O_3 \cdot 5H_2O$ hat; sein Name ist in *sodium thiosulfate* (= Natriumthiosulfat) geändert worden. Herschel notierte, daß diese Substanz Chlorsilber „in großer Quantität auflöst – und fast so rasch wie Zucker in Wasser".
In Wirklichkeit löst Fixiersalz die Silbersalze keineswegs auf diese Weise. Man lasse eine Zuckerlösung verdampfen – und man wird den Zucker wiederfinden. Aber man kann nicht Silberchlorid aus der Fixiersalzlösung nach dem Fixiervorgang wiedergewinnen. Das Silberhalogenid verbindet sich mit dem Natriumthiosulfat zu einer Reihe komplexer Natriumsalze. Die hauptsächliche Reaktion stellt sich so dar:

$$AgCl + Na_2S_2O_3 = NaCl + NaAgS_2O_3$$

Andere Doppelsalze bilden sich in dem Maß, wie der Fixiervorgang fortschreitet. Die meisten dieser Salze sind wasserlöslich und können infolgedessen herausgewaschen werden. So also wird durch die Anwendung von Fixiersalz das nichtbelichtete Silberchlorid entfernt, und

das Bild, das nunmehr keine lichtempfindlichen Verbindungen mehr enthält, ist dauerhaft.
Am Tag, nachdem Herschel seinen erfolgreichen Fixierversuch mit Natriumthiosulfat niedergeschrieben hatte, notierte er in seinem Labor-Tagebuch: „Habe Bild des Teleskops [wahrscheinlich jenes, das auf einem – späteren – Bild im Londoner Science Museum dargestellt ist, *d. Übs.*] mit der aplanatischen Linse gemacht . . . Brachte im Brennpunkt Papier mit kohlensaurem Silber an. Ein Bild formte sich, weiß auf sepiafarbenem Grund, nach etwa zwei Stunden Belichtung. Blieb nach Fixierbad erhalten und ließ sich dann nicht mehr durch Licht verändern. Das Verfahren des Monsieur Daguerre ist damit kein Geheimnis mehr."
Nun versuchte er, Kontaktabzüge von Radierungen zu machen, nachdem er sie mit Öl getränkt hatte, um sie durchsichtig zu machen (wie Niépce und Talbot dies schon vor ihm getan hatten). Er legte sie mit der Bildseite auf sein mit kohlesaurem Silber getränktes Papier und belichtete. Er notierte, daß ein Bild mit vertauschten Tönen entstand – Schwarz war weiß und Weiß schwarz geworden. Am folgenden Tag schrieb er nieder: „Ich habe eine Umkehrung versucht. Sie ist gelungen – nicht gerade gut, aber ohne Zweifel funktioniert das, wenn erst mal die Einzelheiten ausgearbeitet sind."

Herschel rät Talbot zum Gebrauch von Fixiersalz

Am 1. Februar, einem Freitag, kam Talbot nach Slough. Herschel zeigte ihm „eine Radierung (ein lithografisches Motiv), gerade mit kohlensaurem Silber kopiert und mit Fixiersalz fixiert, auch ein Bild des Teleskops, gerade entstanden. Erklärte ihm alle meine Verfahren."
Talbot war weniger großzügig. Herschel schrieb nieder, daß Talbot „mir auch Musterbilder seiner Erfolge gezeigt, aber nicht das Verfahren erläutert hat, das er ‚Fixieren' nannte. Um mein Verfahren auszuprobieren, das ich ‚Auswaschen' nenne, gab er mir eins seiner unfixierten Musterbilder. Zwei Minuten später brachte ich es ihm wieder – die eine Hälfte ausgewaschen, die andere nicht . . . Nach der Belichtung war die von mir ‚ausgewaschene' Hälfte unverändert, die andere wurde rasch weniger kenntlich und schließlich völlig dunkel."
Bald nach diesem Besuch erlaubte Herschel Talbot, sein Fixierverfahren zu veröffentlichen. „Mir ist es lieber, die Sache wird bekannt", schrieb er an Talbot, „und ich habe es deshalb in Gesprächen mehr als einer fragenden Person offenbart. Allerdings denke ich nicht daran, über dieses Thema etwas abzufassen, es sei denn, es kommt etwas Verblüffenderes heraus als alles, was ich bis jetzt geschafft habe." Talbot hingegen war offensichtlich gegen eine Veröffentlichung, denn am 12. Februar schrieb ihm Herschel: „Ich werde mein ‚Auswaschverfahren' mit *hyposulphite* nicht weiter erwähnen, wenn Sie nun mal dagegen sind, und ich werde geduldig auf die Enthüllung Ihrer Fixiermethode warten; sie muß ja ein rechtes chemisches Kleinod sein." Herschel schlug Zusammenarbeit vor: „. . . wenn wir unsere Erfahrungen zusammenlegen, dann kann ein Verfahren herauskommen, das besser ist, als jeder von uns für sich allein hätte finden können." Doch aus diesem Vorschlag wurde nichts: Talbot ging seinen eigenen Weg, und der großmütige Herschel blieb im Hintergrund. Er veröffentlichte erst dann etwas über seine Forschungen, als Talbot sein Verfahren bereits enthüllt hatte.

Links: Sir John F. W. Herschel (1792–1871), Sohn eines berühmten Astronomen, war einer der bedeutendsten Universalgelehrten seines Jahrhunderts. Die Fotografie verdankt ihm – neben zahlreichen anderen Anregungen – ihren Namen sowie die Einführung des Fixiersalzes. Das hier wiedergegebene Porträt wurde 1867 von Julia Margaret Cameron nach dem „nassen Kollodiumverfahren" (siehe S. 109) aufgenommen. International Museum of Photography, Rochester.

„Photography"

Um zu beschreiben, was er erarbeitet hatte, benutzte Herschel ein neues Wort: *Photography.* Auf die Rückseite eines Bildes von seinem Fernrohr schrieb er: *„J.F.W.H. photogr. 10 Feb. 1839."* Drei Tage später notierte er: „Schöner, sonniger Tag. Den ganzen Tag mit großem Interesse und Erfolg über Fotografie und chemische Strahlen gearbeitet. Habe Talbots Geheimnis aufgedeckt – oder etwas Gleichwertiges. Es ist Kaliumferricyanid. Das fixiert das optisch erzeugte Bild . . ."
Herschels Vermutung war falsch, wie wir wissen. Aber die Experimente, die er unternahm, waren nutzbringend, denn er stellte fest, daß eine Behandlung mit Kaliumferricyanid (dem Fotografen als „rotes Blutlaugensalz" bekannt) eine blaue Farbe ergab, und diese Beobachtung brachte ihn dazu, die Wirkung des Lichts auf Eisenverbindungen zu untersuchen. Das bekannteste der Verfahren, das aus diesen Experimenten hervorging, ist die „Blaupause", die er *cyanotype* nannte. Das Licht reduziert die Ferri-Salze zu Ferro-Salzen. Bei

dieser Reaktion entsteht eine Cyaneisenverbindung, und zwar eine unlösliche, die als „Turnbulls Blau“ bekannt ist. In der heutigen Praxis wird die lichtempfindliche Lösung hergestellt aus rotem Blutlaugensalz und Eisen-Ammoniumzitrat, das einfach mit dem Pinsel auf Papier aufgetragen und getrocknet wird. Solches Papier hat nicht hinreichend Empfindlichkeit, um in der Kamera benutzt zu werden; es wird unter einer Zeichnung oder einem Negativ bei Sonnenlicht oder in sehr starkem künstlichem Licht exponiert. Es entsteht ein grünliches Bild, das zu intensivem Blau umschlägt, wenn es in Wasser gebadet wird. Eine Fixage ist nicht notwendig, da die nichtbelichteten Eisensalze löslich sind, also ausgewaschen werden.

Gegen Ende Februar änderte Talbot seine Meinung hinsichtlich der Verwendung von Natriumthiosulfat und bat Herschel um Genehmigung, dieses Fixierverfahren den Franzosen mitzuteilen. Herschel tat seinem Freund sofort diesen Gefallen und sandte Muster, die den Bericht begleiten sollten. Im Brief benutzte er das Wort *photographed* und erläuterte, daß er es dem von Talbot geprägten Wort *photogenic* vorzöge. Dieses, so sagte er, erinnere an die inzwischen erledigten Theorien des Herrn Van Mons von „thermogen“ und „photogen“. Talbot sandte also einen Brief an Biot, der Auszüge daraus in einer Sitzung der *Académie* verlas. Es gab, so berichtete Talbot, zwei weitere Substanzen – neben Natriumchlorid und Kaliumjodid –, die zur Fixierung von „fotogenischen Zeichnungen“ dienen könnten. Die dritte Substanz sei gelbes Blutlaugensalz – dieses sei aber nicht zuverlässig, deshalb nicht empfohlen. „Die vierte Methode, die alle anderen aussticht, besteht darin, den Abzug in einer Lösung von Natriumthiosulfat zu baden. Es war ganz natürlich, daß dieses Verfahren Mr. Herschel in den Sinn kam, denn er war es ja, der die Thioschwefelsäure entdeckte und ihre wesentlichen Eigenschaften beschrieb. Unter diesen fand er es besonders erwähnenswert, daß Natriumthiosulfat ohne weiteres Silberchlorid löst (eine Substanz, die normalerweise nur wenig löslich ist) . . . Diese Methode, die Bilder lichtbeständig zu machen, unterscheidet sich wesentlich von den drei anderen dadurch, daß das Silbersalz nicht fixiert oder gewissermaßen unempfindlich gemacht wird (in den weißen Teilen des Bildes), sondern daß es vollständig entfernt wird.“

So kam es, daß die Ehre, Herschels Entdeckung der Öffentlichkeit bekanntzugeben, den Franzosen zufiel. Daguerre machte sich das Verfahren sofort zunutze.

Kapitel IX

Erfinderansprüche von überall her

Bauer verteidigt Niépce

Für Francis Bauer, den Botaniker in Kew, der mit Nicéphore Niépce 1827 während dessen kurzen und enttäuschenden Ausflugs nach England Freundschaft geschlossen hatte, war das alles verblüffend, überraschend und verwirrend: einerseits die Nachricht von der Ankündigung der Erfindung Daguerres durch die französische Regierung – und andererseits der Bericht über die Anerkennung, welche die *Royal Society* der „fotogenischen Technik" des Mr. Talbot zukommen ließ. Bauer wußte ja, besser als irgend jemand sonst in England, welchen beachtlichen Beitrag Niépce geliefert hatte. Er besaß vier der Original-Heliografien, dazu eine handschriftliche Kopie genau jener Denkschrift, die Niépce so unbedingt vor die *Royal Society* hatte bringen wollen. Es berührte ihn rätselhaft, daß die einzige Erwähnung der Arbeit seines französischen Freundes in einem Zitat der *Literary Gazette* bestand: „Monsieur Daguerre gibt großmütig zu, daß die erste Idee des Verfahrens ihm vor fünfzehn Jahren durch Monsieur Niéps *[sic]* von Chalons-sur-Saone *[sic]* vermittelt wurde, aber in so unvollkommenem Zustand, daß es langer und aufopfernder Bemühungen seinerseits bedurfte, das Ziel zu erreichen."

Bauer, der keine Verbindung mit seinem Freund mehr gehabt und nicht gewußt hatte, daß dieser Daguerres Partner geworden war, war tief betroffen, als er erfuhr, daß Niépce gestorben war. Seine Überzeugung, daß dem verstorbenen Freund keine Gerechtigkeit widerfahren sei, war so stark, daß er an den Redakteur der *Literary Gazette* einen Brief schrieb, der in der Ausgabe vom 2. März 1839 erschien. Bauer war nahezu empört: „Also, ich bin nicht der Meinung, daß Monsieur Niépce vor fünfzehn Jahren eine völlig unausgegorene Idee von sich gegeben haben könnte – denn die Muster, die M. Niépce 1827 nach England brachte und vorzeigte (einige sind noch in meinem Besitz), sind von der gleichen Vollkommenheit wie jene Darbietungen des M. Daguerre, die in den französischen Zeitungen des Jahres 1839 beschrieben werden." (Bauers Freundestreue war stärker als sein Urteilsvermögen: denn als er den Brief schrieb, hatte man in England noch gar keine Arbeiten von Daguerre gesehen.) Weiterhin meinte er, daß Talbots Arbeiten – obwohl er sie nicht gesehen hatte – auch auf dem Verfahren seines Freundes Niépce beruhen müßten. Er fügte dem Brief eine Übersetzung von der Niederschrift des Nicéphore Niépce bei, und er erbot sich, die „Heliografien" jedem „wissenschaftlichen Gentleman oder Künstler zu zeigen, der an diesem Thema ein Interesse hat".

Talbot nahm diese Aufforderung an. Am 7. März schrieb er an Bauer: „Nachdem ich gelesen habe – und zwar in der *Literary Gazette* vom letzten Samstag –, daß Sie sagen, Sie hätten noch nie eine meiner fotogenischen Zeichnungen gesehen, werde ich mir das Vergnügen machen, am nächsten Samstag bei Ihnen vorzusprechen, und zwar zusammen mit meinem Freund, Professor Wheatstone; dann werde ich Muster bei mir haben."

Sir Charles Wheatstone (er wurde 1868 in Anerkennung seiner Forschungen auf dem Gebiet der Elektrizität geadelt) war durch Bauer bereits kurz ins Bild gesetzt worden. Er erbot sich, die Heliografien bei der Zusammenkunft der *Royal Society* am 14. März vorzuführen. Aber dann überlegte er es sich anders: „Unser neuer Präsident, der Marquess of Northampton, hat die erste Versammlung unter seinem Vorsitz für den Abend des 9. März, Samstag, angekündigt", so schrieb er an Bauer, „und ich meine, dies wäre eine bessere Gelegenheit, die Erfindung Ihres verstorbenen Freundes der wissenschaftlichen Welt vorzustellen."

Die erste „Conversazione" des Präsidenten, wie diese oftmals wiederholten Soiréen dann genannt wurden, war nicht nur wissenschaftlich, sondern auch gesellschaftlich ein Erfolg. Die Zeitschrift *The Athenaeum* stellte fest: „Der Stil dieser Zusammenkunft war eher etwas üppiger als gewohnt – oder, wenn wir ehrlich sein wollen, als erwünscht – bei diesen wissenschaftlichen Zusammenkünften. Aber alle Anwesenden hatten Grund genug, zufrieden zu sein mit der Höflichkeit wie mit der ganz persönlichen Freundlichkeit des Präsidenten." Bilder, die Talbot und Herschel aufgenommen hatten, wurden vorgeführt – und dazu die Heliografien des Monsieur Niépce. Bauer schrieb an Isidore Niépce, daß die improvisierte Ausstellung der Pionierarbeit seines Vaters aufs höchste erfolgreich gewesen sei. Unter den Besuchern waren nicht ausschließlich Mitglieder der

Royal Society, sondern auch „Wissenschaftler, Künstler und Angehörige des Adels, die während der Saison sich in London aufhielten. Ich führte die vier Zeichnungen – besser: Experimente – vor, die Ihr Vater nach dem Verfahren der Heliografie produziert hatte, dazu verlas ich die Autobiografie, die er selbst verfaßt hatte. Angesichts der Tatsache, daß niemand unter den Anwesenden auch nur die mindeste Ahnung von jener Kunst hatte, deren Ideengrundlage sogar in England vernachlässigt wird, brachte diese Ausstellung die lebhafteste Bewegung bei den Versammelten hervor. Ohne Widerspruch wurde anerkannt – und offen ausgesprochen –, daß Daguerre lediglich ein Nutznießer sei, über den man sich nur lächelnd unterhalten könne, und ich fühle mich sicher in meiner Annahme, daß niemand in England jenen Namen dieser Kunstart zueignen wird."

Isidore Niépce war tief bewegt durch diese Verteidigung seines Vaters. Er schrieb an Bauer: „Die Vorsehung, deren Gerechtigkeit nicht lange unbemerkt bleiben kann, brachte Ihren Landsmann Talbot für uns auf den Plan; als damit die Prioritätsfrage einmal angeschnitten war, mußte sie auch beantwortet werden. Der Name meines Vaters konnte Daguerre schützen, und so wurde es unausweichlich, ihn der Vergessenheit, in die er geraten war, zu entreißen. Seine Arbeit hatte einen Zeitraum von 25 Jahren erfüllt, und das mußte bewiesen werden. Der Vertrag über die Teilhaberschaft existierte; er mußte ans Licht gebracht werden. Kurz: Es mußte aufgezeigt werden, daß mein Vater der einzige, der wirkliche Urheber einer Erfindung war, die allgemeine Bewunderung auf sich gezogen hat. Nun ist also der Namen meines Vaters wieder aufgetaucht wie Sonne aus dichtem Nebel! Von diesem Augenblick an bin ich glücklich und zufrieden; mein Ziel ist erreicht, und vom Grunde meines Herzens danke ich Mr. Talbot, der sich wohl kaum vorstellen kann, welch wichtigen Dienst er mir erwiesen hat!"

Talbot macht Papier mit Silberbromid lichtempfindlich

Talbot hatte ein größeres Interesse daran, seine eigene Erfindung zu verbessern, als die eines anderen zu unterstützen. Er fand heraus, daß er die Empfindlichkeit seines Papieres steigern konnte, indem er das Silberchlorid durch Silberbromid ersetzte. Er beschrieb seine Technik in einem Brief vom 15. März an Biot von der *Académie des Sciences* und in einer Niederschrift vom 21. März für die *Royal Society.* „Man nehme gutes Schreibpapier und tränke es mit Silbernitratlösung; dann mit Bromkali; schließlich wiederum mit Silbernitrat – und bei jeder Etappe trockne man es in der Nähe einer Wärmequelle." Auf diese Weise erzielte Talbot Bromsilber mit einem großen Silberüberschuß. Nach unseren Maßstäben war die Lichtempfindlichkeit seines Bromsilberpapiers extrem niedrig.

„Da eine anerkannte Meßmethode nicht existiert", schrieb Talbot, „ist es schwierig, das Ausmaß der Empfindlichkeit zu definieren. Doch dürften die folgenden Experimente, die während des schlechten Wetters der letzten Woche durchgeführt wurden, als ein ungefährer Anhalt dienen. Es war fünf Uhr nachmittags bei sehr

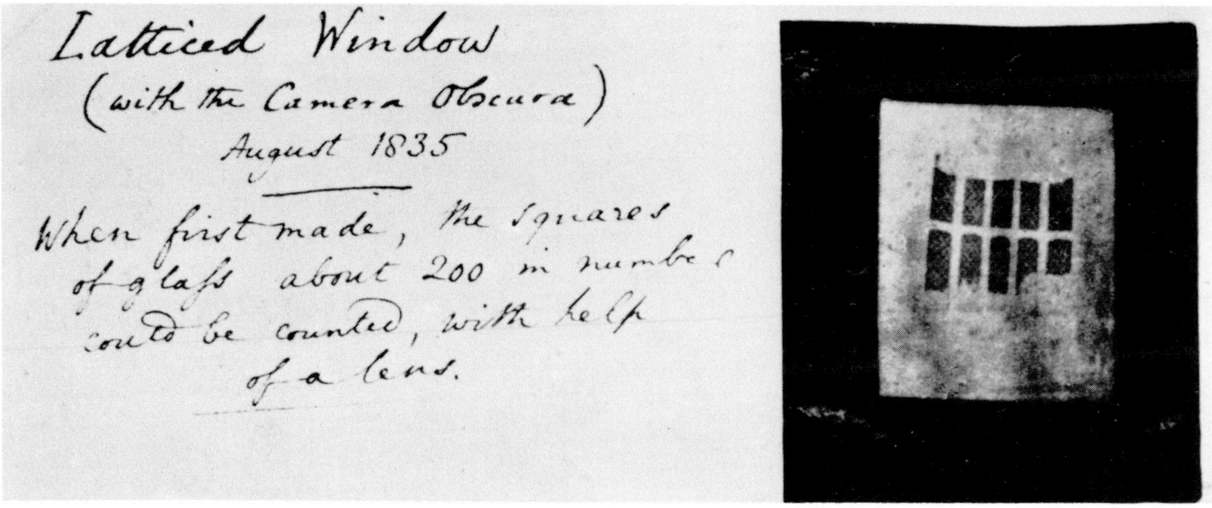

bedecktem Himmel, als ich in London dieses Papier in einer *Camera obscura* anbrachte und diese gegen ein Fenster richtete. Ein Bild der Fenstersprossen ergab sich in sechs Minuten."

Fotogenische Bilder nach Originalen auf Glas

Talbot erläuterte der *Royal Society* auch, auf welche Weise er Abdrucke von Zeichnungen erhielt, die auf Glasplatten angebracht waren. „Man nehme eine Glasplatte und überziehe sie mit einer Lösung von Harz in Terpentin; wenn halb getrocknet, halte man sie über den Rauch einer Kerze. Der Ruß wird vom Harz aufgenommen werden, und obwohl das Glas wie üblich dunkel werden wird, ergibt sich eine Art Glanz auf dem Ruß, der ein Abreiben desselben verhindert. Natürlich ist das Ganze einfacher, wenn man einen undurchsichtigen Firnis zur Hand hat. Auf dieser geschwärzten Oberfläche läßt sich, wenn sie noch nicht ganz trocken ist, jegliche gewünschte Zeichnung, deren Linien dann das Licht durchlassen, mit einer Nadel anfertigen. Bringt man diese Glaszeichnung mit einem Blatt des von mir präparierten Papiers in Kontakt, so läßt sich eine höchst vollkommene Kopie erhalten; jede von der Nadel hervorgebrachte Linie wird sich dann als dunkler Strich auf dem Papier abzeichnen. Im Herbst 1834, als ich in Genf war, habe ich verschiedene ‚fotogenische Radierungen' auf diese Weise versucht; ein Freund führte die Zeichnungen aus, denn ich bin darin nicht geschickt . . . Eine andere Anwendung des gleichen Prinzips besteht darin, von beliebigen Schriften Kopien anzufertigen. Das ist so leicht, und jede Kopie ist so rasch angefertigt, daß ich mir vorstelle, diese Arbeitsweise könnte sich sehr nützlich erweisen für Leute, die eine Reihe von Abschriften von irgend etwas, was sie geschrieben haben, an eine Reihe von Freunden versenden möchten. Ja, noch mehr: Wenn sie zeichnen können, dann ist es ihnen möglich, ihren Text mit Zeichnungen zu beleben, die sich fast so gut präsentieren wie Radierungen."

Talbot entschuldigte sich für die Tatsache, daß er diese Technik so dargestellt hatte, daß es erscheinen könnte, er nehme sie nicht wichtig. Er sagte, daß sein erster Bericht über das fotogenische Zeichnen in großer Eile geschrieben wurde, „in ein paar Tagen". Infolgedessen sei vieles ausgelassen worden, einschließlich jener künstlerischen Technik, welche, „cliché-verre" genannt, von den Malern Corot, Millet, Daubigny und anderen für einige ihrer schönsten grafischen Arbeiten benutzt wurde. Nun bestünde ein dringlicher Grund, diesen Anspruch anzumelden – wenn auch verspätet –, denn Beispiele genau dieses Verfahrens wurden von Faraday vor der *Royal Institution* am 22. März gezeigt. Sie waren von William Havell und James Tibbits Willmore gefertigt worden – zwei Radierern, die vorhatten, mit anderen Künstlern zusammen ein Patent für diese angebliche Erfindung zu erwirken.

Links: Das früheste erhaltene Negativ. 1835, von Henry Fox Talbot. Daneben seine eigenhändige erläuternde Notiz.
Rechts: Eine heutige Vergrößerung des Negativs. The Science Museum, London.

Willmore war wütend, daß Talbot dieses Verfahren als sein eigenes beanspruchte. Am 2. April schrieb er an den Redakteur der *Literary Gazette*: „Wenn der Gegenstand des Vorwurfs darin bestehen soll, daß ein Mann, der eine von ihm für wertvoll gehaltene Entdeckung gemacht hat, daraus persönlichen Nutzen durch Sicherung eines Patents zu gewinnen sucht, so dürfte das auf Hunderte von Erfindungen zutreffen, für welche Patente gewährt worden sind. Es trifft zu, daß ich mit zwei anderen Künstlern den Versuch gemacht habe, ein Patent für die besondere Anwendung dieser neuen Kunst zu erlangen, und ich glaube auch, daß das vertretbar gewesen wäre, wenn nicht diese besonderen Umstände eingetreten wären. Warum Mr. Talbot ärgerlich und eifersüchtig sein sollte – das kann ich nicht verstehen . . ." Talbot antwortete: „Ich liebe Streitereien gar nicht, denn ich betrachte sie als Zeitverschwendung. Ich meine, es sollte genügen, daß ich ein für allemal in Ihrem stark verbreiteten Journal festgestellt habe, daß ich die Kunst, fotogenische Bilder von Glaszeichnungen zu gewinnen, im Jahr 1834 entdeckt habe . . . Ich hätte mich damit begnügen können, auf den siebenten Abschnitt meiner ersten Niederschrift für die *Royal Society* (veröffentlicht am 31. Januar) zu verweisen. Aber da dieser Bericht schon aus dem Bewußtsein der Öffentlichkeit verschwunden scheint, machte ich meine Feststellungen nochmals, und diesmal umfangreicher. Was hätte ich anderes tun sollen, als ich herausfand, daß ein Patent für dieses identische Verfahren beantragt worden war?"

Gleich nach Talbots Brief druckte der Redakteur eine Nachricht ab, die William Havell, Willmores früherer Teilhaber, eingesandt hatte. Er erklärte, daß er sich distanziert hätte von jenen, die ein Patent beantragen wollten: „Gestatten Sie mir die Erklärung, daß ich von diesem Vorhaben erst nachträglich erfahren und dann sogleich meinen Widerspruch zum Ausdruck gebracht habe."

Von Willmore hörte man dann nichts mehr; die Angelegenheit war vollkommen erledigt. Doch wird dieser Patentstreit hier erwähnt, weil er Nachwirkungen in der ganzen fotografischen Welt hatte. Talbot hätte kaum anders handeln können; das wesentliche Prinzip seiner Erfindung wäre ihm verlorengegangen, wenn der andere Patentantrag durchgegangen wäre. Diese Angelegenheit brachte die Frage auf: Kann eine Erfindung wie die Fotografie überhaupt patentiert werden? Arago meinte: Nein. Sir David Brewster dachte: Ja. Er hatte Talbot ja bereits angeraten, einen Patentantrag einzureichen.

Talbot selbst nahm den Standpunkt ein, daß es ihm zukäme, sein Verfahren zum Nutzen der Öffentlichkeit zu publizieren, und zwar ohne Vorbedingungen und ohne persönliches Gewinnstreben.

Optisches Kopieren

Im Zusammenhang mit seiner Zurückweisung von Havells Ansprüchen erwähnte Talbot noch eine weitere Anwendung, die er gefunden hatte: „die Möglichkeit, einen Entwurf in jedem gewünschten Größenverhältnis zu erweitern oder zu verkleinern" – das Verfahren also, das als „Vergrößern" bekannt wurde. (Oder, genauer, als optisches Kopieren – im Gegensatz zum Kontaktkopieren.) Alles, was nötig sei, sagte Talbot, sei ein optisches System, mit dessen Hilfe man ein Bild im gewünschten Maßstab auf empfindlich gemachtes Papier projiziert. Herschel hatte diese Methode bereits praktisch ausgeführt, und Talbot zitierte aus einem Brief, den der Astronom ihm am 27. März 1839 geschrieben hatte: „Wenn man eine auf angerußtem Glas angefertigte Radierung hinter einer aplanatischen Linse anbringt, mit der geschwärzten Seite in Richtung des Brennpunktes, erhält man eine Kopie dieser Radierung in jeder Verkleinerung, die gerade notwendig ist. Nimmt man Sonnenstrahlen zur Hilfe, so kann auch vergrößert werden. Das Verkleinerungsverfahren gelang beim Versuch tadellos; man muß nur eine gewisse Sorgfalt walten lassen, indem man der Richtung der Sonne folgt. Bei Verwendung eines hochempfindlichen Papiers würde diese lästige Notwendigkeit geringer werden. Gar keine Mühe hätte man, wenn man das Ganze an einem uhrwerksgetriebenen Äquatorialinstrument anbrächte."

So muß also zu Herschels vielen anderen Erfindungen auch die des optischen Kopierens hinzugefügt werden; es entstand daraus ein klassisches Verfahren, der Vergrößerung nämlich, in der technischen Entwicklung der Fotografie. Für Dutzende von Jahren nach der Erwähnung durch Herschel konnte man Batterien von „Sonnenkameras" auf den Dächern der Fotostudios sehen, jedes mit einem Glasnegativ am einen und einem lichtempfindlichen Papier am anderen Ende. Gehilfen richteten diese riesigen Vergrößerungsgeräte stundenweise der Sonne zu, so lang mußte man belichten.

Herschels fotochemische Forschungen

Herschel war der fleißigste, erfindungsreichste und scharfsinnigste der frühen Experimentatoren. Sein Ziel bestand weder in der Erfindung noch der Vervollkommnung eines praktischen fotografischen Verfahrens – ihm lag daran, sich eine Vorstellung zu verschaffen von den Veränderungen, welche das Licht bei allen möglichen Substanzen, sowohl organischen als auch anorganischen, hervorbringt. Kurz gesagt: Das Thema seiner ausgedehnten Forschungen war die Fotochemie.

Sein erster Bericht an die *Royal Society* – eine „kurze Niederschrift über die Kunst der Fotografie" – wurde in der Sitzung vom 14. März 1839 verlesen. Er wurde nie gedruckt, denn Herschel hatte ihn zurückgezogen, und lediglich ein kurzer Auszug wurde in den Sitzungsberichten der Gesellschaft abgedruckt. Herschel gab niemals eine Erklärung für diese ungewöhnliche Aktion, aber es ist offensichtlich, daß er aus Rücksicht auf Talbot so handelte. Denn als er im Jahr darauf seine Versuche veröffentlichte, gab er sich ganz besondere Mühe, Talbots Leistungen wo immer möglich voll anzuerkennen. Er verkündete, daß er sich „enthalten habe, und zwar bewußt, die Versuche des Mr. Talbot zu wiederholen ... Denn ich hatte den dringenden Wunsch, festzustellen, welche Fortschritte ich ohne jede äußere Hilfe bei meinen Untersuchungen erzielen könnte." Und er „fühlte sich verpflichtet, zuzugeben", daß Talbots Niederschrift viel weiter ging als alles, was er selbst „bis jetzt an praktikablen Lösungen hervorgebracht" habe.

Herschel beschrieb in seinem ersten Bericht den Fixiervorgang mit Natriumthiosulfat, die Anfertigung von Kopien, die seltsame Erscheinung, daß die Lichtempfindlichkeit fotografischen Papiers gesteigert wird, wenn es in engen Kontakt mit Glas gebracht wird, und die Reaktion des fotografischen Papiers auf die verschiedenen Farben des Spektrums. Seine großzügige Geste gegenüber Talbot (indem er seine eigene Veröffentlichung zurückhielt) geschah zu genau jener Zeit, als Konkurrenten von allen Seiten mit Nachdruck Prioritätsansprüche stellten und fotografische Techniken bekanntgaben, die denen Talbots nacheiferten – wenn sie sie nicht einfach nachahmten.

Reade behauptet: Ich erfand 1837 die Fotografie

Der Reverend Mr. Joseph Bancroft Reade, Pfarrer in Stone, Buckinghamshire, behauptete, er habe ein fotografisches Verfahren bereits 1837 erfunden. Er war mehr Wissenschaftler als Geistlicher; es scheint, als habe er seine Stellung in der Kirche als ein Mittel zum Lebensunterhalt betrachtet, die Mikroskopie hingegen als seine Berufung. Aufgrund seiner Tätigkeit auf diesem Gebiet wurde er als Mitglied in die *Royal Society* berufen, und in den Annalen der Mikroskopie ist er verzeichnet als der Erfinder einer verbesserten Version des Sonnenmikroskops. Dieses heute überholte Instrument unterschied sich vom herkömmlichen Mikroskop dadurch, daß das Bild nicht durch eine Einblicksöffnung betrachtet, sondern auf eine Leinwand in einem verdunkelten Raum projiziert wurde. Sonnenstrahlen wurden von einem Spiegel reflektiert und durch eine Kondensorlinse gesammelt. Dadurch ergab sich eine wirksame Beleuchtung – und der Name „Sonnenmikroskop".

Reade ärgerte sich, weil er nicht hinreichend geschickt im Zeichnen war, um die vergrößerten Bilder, die er auf solche Weise auf einen Projektionsschirm warf, mit dem Stift festhalten zu können. Er mußte sich auf die künstlerischen Talente eines Freundes, Lens Aldons, verlassen, wenn seine Beobachtungen festgehalten werden sollten. Es ist nur logisch, daß er sich über fotografische Verfahren den Kopf zerbrach.

Aus einem vor nicht zu langer Zeit entdeckten Brief wissen wir, daß er 1839 Erfolg hatte; in jenem Jahr nämlich schrieb er am 1. April an seinen Bruder Georg: „Vielleicht wird es Dich überraschen zu hören, daß die wunderschönen Bilder mikroskopischer Objekte, die ich mit meinem Sonnenmikroskop erzeuge, nunmehr dauerhaft auf Papier festgehalten werden können, und zwar mit Hilfe eines gewissen chemischen Verfahrens. Ich entdeckte es am letzten Dienstag um zwölf Uhr mittags und hatte nur noch eine Stunde Sonnenschein zur Verfügung, um mein Verfahren zu testen ... Wahrscheinlich weißt Du, daß die Kunst des ‚fotogenischen Zeichnens' in London einiges Aufsehen erregt hat; was ich dabei als meine Erfindung beanspruche, ist lediglich die Herstellung eines Papiers, das empfindlich genug ist, um prompt zu reagieren, wenn das Bild dadurch verkleinert worden ist, daß es einen französischen Doppelachromat mit einem Öffnungswinkel von lediglich 20 Grad passiert hat ..."

Wenige Tage später beschrieb Reade sein Verfahren einem Wissenschaftler, Edward William Brayley, der darüber einen Vortrag halten wollte. Er badete Schreibpapier in Silbernitrat und ließ es im Dunkeln trocknen. Unmittelbar vor Gebrauch bestrich er es mit einem Aufguß von Galläpfeln (Gallussäure). Nach einer Belichtung von fünf Minuten oder länger fixierte er das Bild mit Natriumthiosulfat. Reade erwähnt in seinem Brief nichts von Experimenten, die er vor Talbots Bekanntgabe von dessen Verfahren gemacht hätte; vielmehr setzt er das „fotogenische Zeichnen“ als gegeben voraus und erhebt lediglich den Anspruch, diesen Prozeß verbessert zu haben. Er stellte verschiedene Fotomikrografien aus; so zum Beispiel von einem Floh, einem Querschnitt durch Schilfrohr und dem spiralförmigen Staubgefäß des Rhabarber. Dies geschah bei einer „Conversazione“, so wie sie der Marquess of Northampton, Präsident der *Royal Society*, in seinem Londoner Wohnsitz abhielt. Reade sagte, er hätte sich bei dieser Gelegenheit Talbot vorgestellt, der „einige Erkundigungen einzog; er wollte nämlich feststellen, wieviel in gewissen Bildern, die ich ausstellte, auf die Hand des Zeichenkünstlers zurückzu-

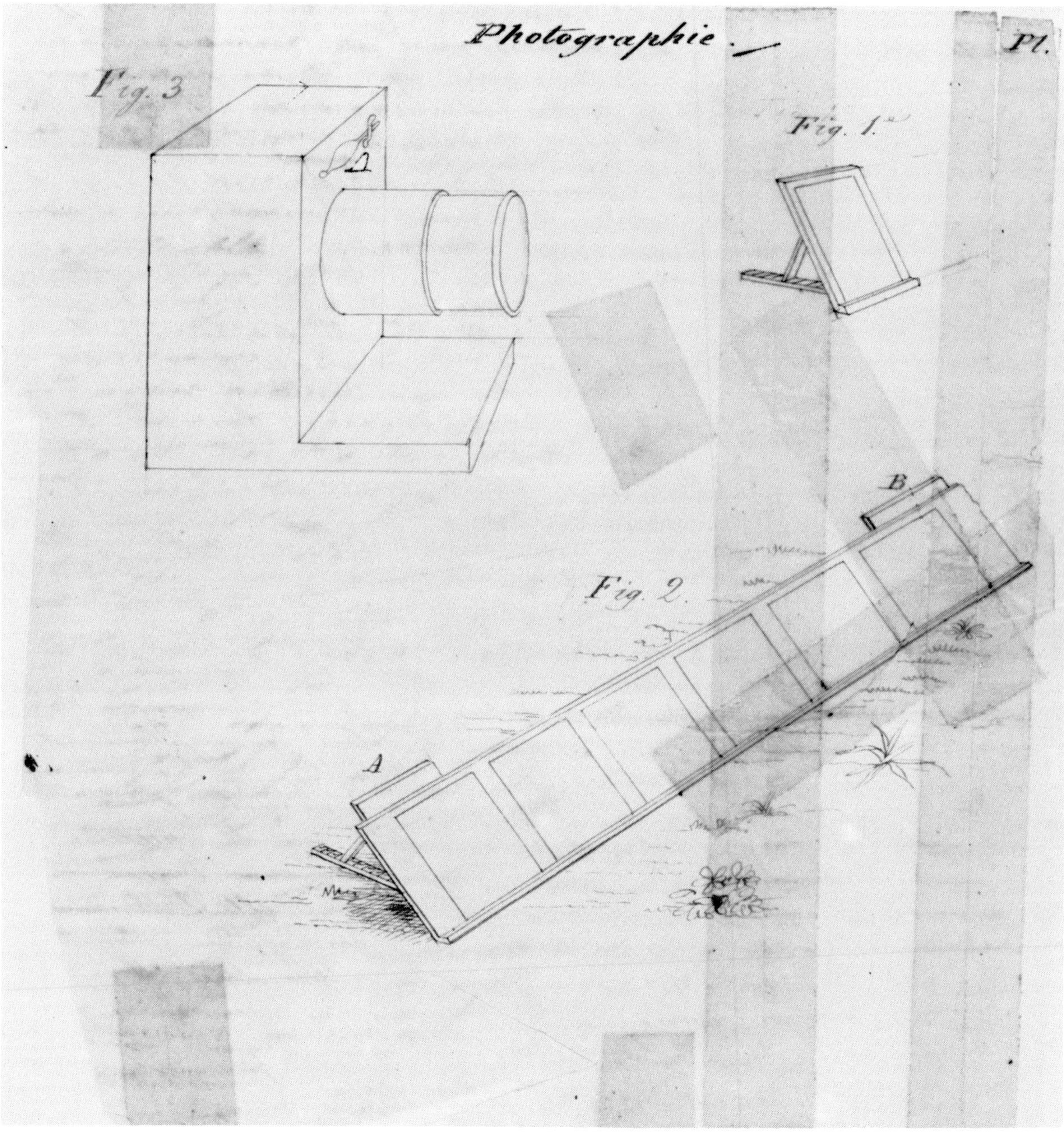

führen sei". Reade erläuterte Talbot seine Technik. Obwohl dieser später behauptete, er habe keine Erinnerung an ein solches Zusammentreffen, zeichnete er in seinem Notizbuch doch Versuche auf, die er in ähnlicher Richtung wie Reade gemacht hatte: „Verdünnte Gallussäure und verdünntes Silbernitrat werden, wenn vermischt, bei Tageslicht dunkel. (Ich glaube, das hat Mr. Reade erfunden.)"
Späterhin sollte Talbot ein neues fotografisches Verfahren auf den Gebrauch von Gallussäure begründen; er patentierte es 1841. Sein Recht auf dieses Patent wurde vor Gericht 1854 bestritten, und Reade erklärte, als er als Zeuge aufgerufen wurde, daß er sein erstes Bild mit einem Aufguß von Galläpfeln 1837 erzielt hätte. Dieser Prioritätsanspruch ist fragwürdig, und zwar angesichts der Feststellungen, die Reade 1839 seinem Bruder gegenüber machte. Aber die Tatsache, daß die Kombination von Silbernitrat und Gallussäure Lichtempfindlichkeit bewirkt, war unzweifelhaft seine Entdeckung; von Talbot aufgegriffen, bewirkte sie eine Umwälzung.

Hercules Florence berichtet aus Brasilien über seine „Photographie"

Hercules Florence, ein in Brasilien lebender Franzose, behauptete, er habe bereits 1832 Fotografien sowohl mit einer Kamera als auch im Kontaktdruck hergestellt. Seine Notizbücher aus den Jahren zwischen 1833 und 1837 enthalten klare Beschreibungen seiner Technik und, was beinahe noch mehr bemerkenswert ist, das Wort „Photographie" – zwei Jahre bevor Herschel Talbot den Ausdruck *photography* vorschlug, weil er passender und weniger umständlich sei als der Begriff „fotogenisches Zeichnen". Kontaktabzüge eines Diploms und die Etiketten von Apothekerflaschen, die Florence angefertigt hatte, existieren noch, obwohl von seiner Kameraarbeit sich anscheinend nichts erhalten hat. Als er aus Paris von Daguerres Verfahren hörte, schrieb Florence bescheiden in einer Zeitung: „Vielleicht ist es zu kühn, wenn ich sage, daß ich ebenfalls die Fotografie erfunden habe. Das ist ein Name, der mir nicht neu war, als ich ihn zum erstenmal in der Zeitung aus Rio de Janeiro sah. Es ist nun aber einmal wahr, daß ich damals meine Experimente nicht fortgeführt habe, und deshalb möchte ich nicht eine Entdeckung als meine eigene beanspruchen, auf die jemand anderes möglicherweise mehr Anspruch hat."
Die Liste derer, welche die Ehre der Erfindung der Fotografie für sich reklamieren, ist noch länger. Ihre Zahl allein zeigt bereits, wie weit verbreitet und wie sporadisch auftretend Erfindungen gemeinhin zu sein pflegen. Immer wieder finden wir in den Annalen der Erfindungen aller Art – des elektrischen Lichts zum Beispiel oder des elektrischen Telegrafen, des kinematografischen Projektors –, daß viele Menschen die gleiche Idee haben, ohne voneinander zu wissen. Und dies oft an entgegengesetzten Punkten der Erde . . .

Links: Eine Skizze, die Hercules Florence seinem Manuskript von 1837 „L'Ami des Arts . . ." beifügte, zeigt eine Camera obscura und Kopierrahmen wie die später von Talbot benutzten (s. Abb. S. 105), dazu – zwei Jahre vor Herschel – das Wort „Photographie". Abbildungen aus dem Besitz von Col. A. M. Florence. Courtesy Boris Kossoy.

Hercules Florence (1804–1879), der im brasilianischen Städtchen Campinas lebte, hat Aufzeichnungen hinterlassen, aus denen hervorgeht, daß er sich in den Jahren nach 1832 aktiv mit fotografischen Problemen beschäftigte.

Kapitel X

Eine Flut von Experimenten

Die Nachrichten von den unabhängigen Erfindungen der Herren Daguerre und Talbot versetzten überall auf der Welt die Geister in Bewegung und Verwirrung, wie der Pariser Korrespondent der Zeitschrift *The Athenaeum* berichtete.

Die Lichtstrahlen des Professor Draper

In Amerika wurde Professor John William Draper in New York durch die Nachricht von Talbots Veröffentlichung daran erinnert, daß er 1834 im *Journal* des *Franklin Institute* eine Technik beschrieben hatte, die dazu bestimmt war, „die Wirkung absorbierender Medien auf die Licht-, Wärme- und chemischen Strahlen" der Sonne zu bestimmen. Außerdem war er, genau wie Reade, durch Herschel angeregt worden, Natriumthiosulfat zur Fixage von Silberhalogenid-Bildern zu benutzen. Er entwarf eine Apparatur, die dazu diente, in einem dunklen Raum zwei Spektren zu projizieren. Das Licht des einen Spektrums passierte durch ein Glasgefäß, das mit gefärbter Flüssigkeit (etwa einer orangefarbenen Lösung von Kaliumbichromat) gefüllt war. Die Strahlen des anderen Spektrums hatten kein Hindernis zu passieren. Er fand heraus, daß ein Teil des Spektrums von der gefärbten Flüssigkeit absorbiert wurde. Durch Vergleich des kompletten Spektrums mit dem daneben befindlichen beeinträchtigten konnte er feststellen, welche „Lichtstrahlen" *(luminous rays)* absorbiert wurden. Indem er jedes Spektrum „bündelte", und zwar mit Hilfe einer Linse, deren Brennpunkt auf einen der Kolben eines Differentialthermometers gerichtet wurde, konnte er die Stärke der Wärmestrahlen *(calorific rays)* messen, die absorbiert wurden. Und schließlich konnte er, indem er beide Spektren auf das gleiche Stück Chlorsilber- oder Bromsilberpapier richtete, durch Feststellen des Dunkelwerdens des lichtempfindlichen Papiers abmessen, welche „chemischen Strahlen" *(chemical rays)* absorbiert wurden.

Draper fand so heraus, daß das Spektrum, falls durch eine orangefarbene Lösung gefiltert, keine Wirkung auf das Bromsilberpapier ausübte. Blau gefiltert aber hatte es starke Wirkung. Später nahm er für sich in Anspruch: „Mit Hilfe des lichtempfindlich gemachten Papiers konnte ich die verschiedene Schwärzungskraft feststellen, und zwar von weit jenseits des violetten Teils des Spektrums bis fast zu seinem anderen Ende – und dies zu einer frühen Zeit, als kein anderer Chemiker sich schon diesen Fragen zugewandt hatte." Seine Feststellungen weisen hin auf die „Farbenblindheit" fotografischer Aufnahmematerialen, die erst durch die Schaffung orthochromatischer Emulsionen (durch H. W. Vogel, 1873) korrigiert werden konnte.

Die Farbempfindlichkeit von Silberhalogeniden

Offensichtlich war es Draper unbekannt, daß die Art, wie lichtempfindliche Silberhalogenide auf verschiedene Wellenlängen reagieren, schon viel früher das Thema der Forschung gewesen war. Carl Wilhelm Scheele, ein bedeutender schwedischer Chemiker, beobachtete 1777, daß violette Strahlen Silberhalogene viel stärker beeinflussen als andere Strahlen. Jean Senebier stellte die relativen Schwärzungsstärken des sichtbaren Spektrums 1782 ziffermäßig fest: Er fand heraus, daß, wenn bei violettem Licht fünfzehn Sekunden erforderlich waren, das lichtempfindliche Papier eine Maximal-Schwärzung erreichen zu lassen, dann eine Belichtungszeit von zwanzig Minuten, also dem Achtzigfachen, im Falle roten Lichts erforderlich war.

Diese Versuche gehören nicht im eigentlichen Sinne zum Thema Fotografie, sondern zur Fotochemie. Scheele und Senebier waren nicht daran interessiert, mit Hilfe der Optik ein Bild aufzuzeichnen. Allerdings ist im Falle Drapers zu sagen, daß er, wie man seinen Memoiren entnehmen kann, aufs Bildschaffen anzuwenden suchte, was er bei seinen fotochemischen Experimenten erfahren hatte.

Drapers frühe Fotoversuche

Lange vor 1839 schon versuchte er, die in der Camera obscura entstehenden Bilder mit durch Silbersalze lichtempfindlich gemachtem Papier festzuhalten. „Die Schwierigkeit zu jener Zeit“, so erinnerte er sich im Jahr 1858, „bestand darin, die aufgezeichneten Bilder zu fixieren. Mir war schon lange bekannt gewesen, was Wedgwood und Davy hinsichtlich des direkten Kopierens von Gegenständen geschafft hatten; ich hatte mir den Spaß gemacht, einige ihrer Versuche zu wiederholen, und ich hatte sogar – ohne Erfolg! – mit Natriumthiosulfat experimentiert, nachdem ich die Einwirkung dieser Substanz auf Chlorsilber aus der Schilderung von Herschels Versuchen erfahren hatte. Ich steckte dieses Vorhaben aber auf, denn ich fand, daß bei dieser Behandlung sowohl die schwarzen als auch die weißen Bildteile verschwanden. Dieser Mißerfolg entstand wahrscheinlich dadurch, daß ich eine zu starke Lösung verwendet und daß ich wohl auch das Papier zu lange in ihr gelassen hatte.“

Als Talbots Anweisungen für die Herstellung fotogenischer Zeichnungen in Amerika bekannt wurden, versuchte Draper sofort, einige anzufertigen – z. B. nahm er ein Porträt auf mit einer Kamera, die einen konkaven Spiegel anstelle einer Linse hatte. Er brachte lichtempfindliches Papier „vom Format eines Cent-Stücks“ in die Schärfenzone des Spiegels und zeichnete das Bild einer Person auf, die vor einem Fenster stand. „Aber das wurde“, so schrieb er, „eine Silhouette und nicht ein Porträt . . . “

Späterhin meisterte Draper mit Erfolg auch das Daguerre-Verfahren (siehe Abb. unten und auf S. 84), und seine Untersuchungen und Forschungen, die sich auf jenes Silber/Silberjodid/Quecksilber-System erstreckten, weisen in bemerkenswerter Weise auf moderne Theorien hin, die sich auf die Festkörper-Physik beziehen.

Eine Daguerreotypie, die John W. Draper im Juli 1842 fertigte, ist die erste Fotografie des Sonnenspektrums. The Science Museum, London.

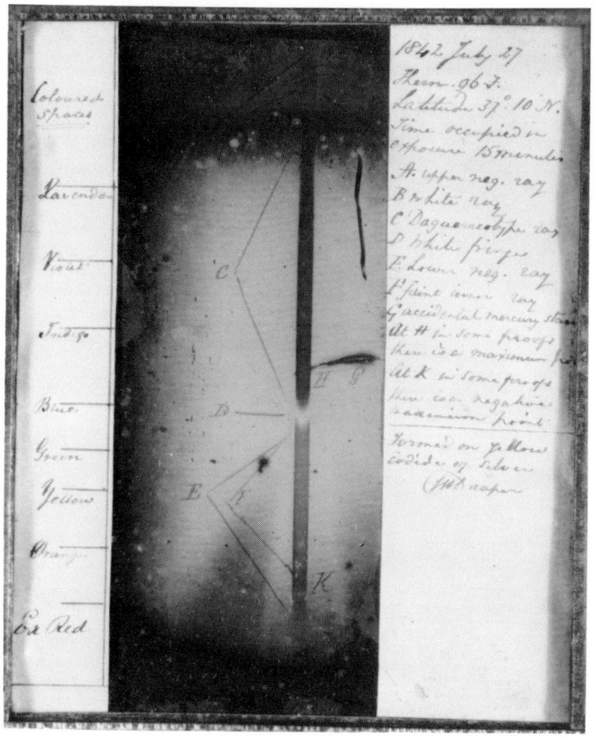

Direkt-Positive

Eine weitere fotografische Technik, die sich auf Talbots Verfahren gründete, trat fast gleichzeitig in Frankreich, England und Schottland in Erscheinung. Wenn ein Papier, das im Sinne der Talbotschen Anweisung lichtempfindlich gemacht worden ist, ganz dem Licht ausgesetzt wird, bis es über und über schwarz ist – und wenn es dann in einer Kaliumjodid-Lösung gebadet wird, bleicht es bei einer zweiten Belichtung aus. Auf diese Weise werden positive Bilder direkt erzeugt, und das Ergebnis ist ähnlich wie in der Daguerreotypie. Die erste Belichtung schafft eine durchgehende Oberfläche aus metallischem Silber. Die Anwendung des Kaliumjodids verwandelt das Silber in lichtempfindliches Silberjodid. Wenn die Zweitbelichtung hinreichend lang ist, ergibt sich jenes Phänomen der Umkehrung, welches Daguerre bereits 1831 beobachtet hatte.

Die erste Veröffentlichung dieses Direkt-Positiv- oder Umkehrverfahrens war durch den französischen Chemiker Jean Louis Lassaigne im *Compte rendu* der *Académie des Sciences* vom 8. April 1839 erfolgt. Ein ähnliches Verfahren wurde der *Society of Arts* im schottischen Edinburgh von ihrem Vizepräsidenten, Andrew Fyfe, am 17. April beschrieben. Sowohl Lassaigne als auch Fyfe verwendeten diesen Ausbleichprozeß ausschließlich für das Kopieren von Zeichnungen durch Kontaktdruck; nichts spricht dafür, daß einer von ihnen die Methode in einer Kamera angewandt hätte.

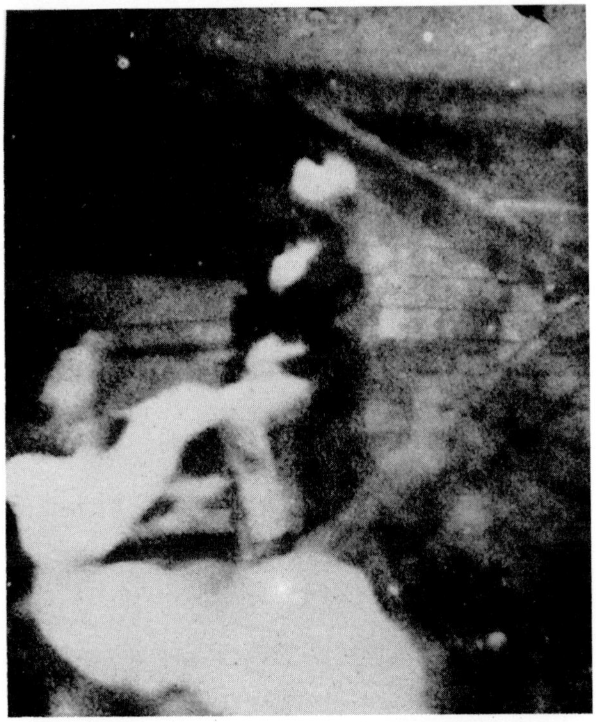

Hippolyte Bayard (1801–1887), Finanzbeamter in Paris, gilt als der Pechvogel unter den Erfindern der Fotografie. Nicht ohne eigene Schuld (siehe Text) – doch auch, weil Arago seinen Schützling Daguerre favorisierte.

Oben: Das Selbstporträt sandte Bayard im Oktober 1840 an einen Freund. In bitterer Selbstironie schrieb er dazu: „Die Leiche des Mannes . . . ist diejenige des Herrn Bayard, Erfinder des Verfahrens, dessen herrliche Resultate Sie gesehen haben. . . . Die Akademie, der König haben sie bewundert . . . Die Regierung, die Herrn Daguerre viel zuviel gegeben hat, erklärte, nichts für Herrn Bayard tun zu können. Da hat er sich ertränkt . . .“

Rechts oben: Bayards erster Versuch eines Selbstporträts. Direkt-Positivkopie auf Papier, um 1839. Aus Dieter Lübeck: „Das Bild der Exakten – Objekt: Der Mensch.“

Rechts: Bayard in einem späteren Selbstporträt, das er nach dem Negativ-Positiv-Verfahren um 1855 aufnahm. Seit 1842/43 schuf er sowohl Daguerreotypien als auch Kalotypien. Er gehörte zu den Mitbegründern der „Société Héliographique“ (1851) und war später lange Jahre Generalsekretär der „Société Française de Photographie“. Alle Abb.: Société Française de Photographie, Paris.

Eine der vielen Stadtansichten aus Paris, die Bayard aufnahm – hier nach dem Negativ-Positiv-Verfahren. Der Durchbruch der Rue Tholozé mit drei Windmühlen auf dem Montmartre. 1843. Société Française de Photographie, Paris.

Hingegen hatte ein Angestellter des französischen Finanzministeriums, Hippolyte Bayard, der ein starkes liebhaberisches Interesse an der Fotografie hatte, einen ähnlichen Prozeß bereits benutzt, um Bilder mit Hilfe einer Kamera herzustellen. Am 5. Februar 1839 – also nachdem Talbots Verfahren angekündigt, aber bevor es veröffentlicht worden war – stellte Bayard Papiernegative her. Am 20. März war es ihm bereits gelungen, eine Direktpositiv-Methode auszuarbeiten; Musterbilder zeigte er Biot und Arago im Mai. Er behielt das Geheimnis seines Verfahrens für sich. Im Juni stellte er dreißig Fotografien bei einer Wohltätigkeitsveranstaltung aus, einer Ausstellung, deren Erträge den Opfern eines Erdbebens zugute kamen. Sein Stolz wurde stark verletzt durch die Tatsache, daß die *Académie* seine Leistung lediglich dadurch anerkannte, daß sie befürwortete, es sollten ihm 600 Francs zum Kauf einer neuen Kamera gewährt werden.

Obwohl viele Historiker sich besonders für diesen nicht vom Glück begünstigten Erfinder interessiert und eingesetzt haben, ist zu sagen, daß Bayards Beitrag so vollkommen persönlich bestimmt war, daß er sich in keiner Weise auf die weitere Entwicklung der Fotografie auswirkte. Bis 1840 weigerte er sich, sein Geheimnis zu enthüllen – und dann fand man heraus, daß es im Prinzip identisch war mit den bereits längst veröffentlichten – und schon überholten – Verfahren von Lassaigne und Fyfe.

In Belgien entdeckte Albert Breyer im Jahre 1839, daß man Zeichnungen und bedruckte Buchseiten kopieren könne, indem man die beschichtete Seite von Talbots „fotogenischem" Papier mit dem zu reproduzierenden Blatt in Kontakt brachte und dann durch die *Rückseite* des Papiers belichtete. Ein gewisser Anteil des Lichts, welches das sensibilisierte Papier durchdringt, wird von den schwarzen, also z. B. mit Tusche oder Druckfarbe entstandenen Partien verschluckt; es kann sich also nicht mehr auf das Silberhalogenid auswirken. Andererseits wird einiges von dem Licht, welches das sensibilisierte Papier durchdringt, von den weißen Flächen der Originalvorlage zur lichtempfindlichen Schicht des Papiers zurückgestrahlt; diese Partien werden demgemäß schwarz. Das Resultat ist also ein Negativ. Diese Kopiermethode ermöglicht es, ohne Zuhilfenahme einer Kamera die eine Seite eines Blatts zu reproduzieren, das auf beiden Seiten bedruckt ist. Dieses Prinzip ist heute weithin in Gebrauch, und zwar beim Fotokopieren.

Lichtempfindliches Papier durch Kaliumbichromat

In Schottland wurden während jener Monate hektischer Erfindungen – also im Frühjahr 1839 – auch Experimente mit fotografischen Systemen gemacht, bei denen Silber nicht im Spiel war. Der Schotte Mungo Ponton machte eine zu jener Zeit nicht sonderlich beachtete Entdeckung, die späterhin große Bedeutung erlangen sollte. Kaliumbichromat hat im Kontakt mit einer organischen Substanz die besondere Eigenschaft, daß das Ausmaß seiner Wasserlöslichkeit in direkter Proportion steht zu einer Belichtung, der man es aussetzt. Ponton überzog Papier mit einer Lösung dieser Substanz. Die belichteten Partien wurden braun und wasserunlöslich. Die Teile, die kein Licht empfangen hatten, konnten im Wasserbad einfach ausgewaschen werden. Ponton schlug dieses Verfahren vor, weil es ebenso einfach wie billig war: Weder Silbernitrat noch Natriumthiosulfat, beide damals recht teuer, waren erforderlich. Leider aber war das Papier für eine Verwendung in der Kamera nicht lichtempfindlich genug, und so gewann das Verfahren keine sonderliche Verbreitung. Später sollte Talbot Pontons Methode dadurch verbessern, daß er das Kaliumbichromat mit Gelatine mischte. Diese Entdekkung bereitete den Weg für eine Anzahl reprografischer und kunstfotografischer „Edeldruck"-Techniken; insbesondere wurde sie Grundlage des Tiefdrucks.

In Italien erregte es erhebliches Aufsehen, als die *Gazetta di Firenze* am 2. April berichtete, daß sich in der vatikanischen Bücherei ein Werk aus dem 17. Jahrhundert befinde – mit einem außergewöhnlichen Titel. Wörtlich übersetzt lautet er: „*Beschreibung einer neuen Methode, eine jegliche beliebige Figur, die auf Papier gezeichnet ist, mittels reflektierter Sonnenstrahlen auf ein anderes Stück Papier von jedermann übertragen zu lassen, auch wenn er nicht zeichnen kann. Erfunden von Signor Marco Antonio Cellio und demonstriert beim Treffen der römischen Accademia Fisicio-Matematica am 4. August 1686.*" Für einen Augenblick sah es so aus, als könnte Italien den Ruhm für sich in Anspruch nehmen, die Fotografie entdeckt zu haben – bis das Büchlein studiert wurde und sich als die Beschreibung einer speziellen Anwendungsart der Camera obscura erwies. Die Apparatur warf das optische Bild einer Zeichnung in jeder gewünschten Größe auf eine Staffelei, wo es dann von einem Zeichner nachgezogen werden konnte. Es ist anzunehmen, daß dieses Buch die erste Beschreibung jener optischen Vorrichtung wiedergibt, die als Episkop oder Aufsichtsprojektor bekannt ist.

Europäisches Echo auf Talbots Versuche

In Deutschland bestätigte die *Bayerische Akademie der Wissenschaften* am 9. März den Empfang von Talbots erster Niederschrift für die *Royal Society, „Some Account of the Art of Photogenic Drawing"*. Da aber Talbot in dieser Mitteilung sein Verfahren nicht enthüllte, entschloß sich die Akademie, die Ausführungen nicht zu publizieren. Zwei ihrer Mitglieder jedoch, Carl August von Steinheil, Professor der Physik und Mathemathik an der Universität München, und sein Kollege, Franz von Kobell, Professor der Mineralogie, machten sich sogleich ans Experimentieren. Es gelang ihnen, Talbots noch geheimgehaltene Technik ihrerseits mit Erfolg zu duplizieren. Der Bericht, den sie in der offiziellen Schrift der Bayerischen Akademie veröffentlichten, stellt fest, daß sie „kaustisches Ammoniak" *(ammonium hydroxide)* oder „unterschwefligsaures Kali" *(potassium thiosulfate)* benutzten, um die unbelichteten *Silberhalogenide* her-

In München unternahmen es im März 1839 zwei angesehene Gelehrte, Carl August von Steinheil und Franz von Kobell, ihrerseits ein fotografisches Verfahren zu entwickeln, nachdem die ersten Andeutungen über die Arbeiten Daguerres und Talbots dort empfangen worden waren. Steinheil entwarf die Kamera (verschiebbare Pappröhren mit Linse, als Typ s. S. 81), Kobell produzierte das lichtempfindliche Papier. Die erhalten gebliebenen Bilder sind sämtlich Negative von Münchener Ansichten; sie befinden sich heute im dortigen Deutschen Museum. Positive erhielten die Experimentatoren nicht durch Kontaktkopieren, sondern durch nochmaliges Aufnehmen. Die Resultate befriedigten nicht; es sind auch keine erhalten geblieben. Die Bilder hatten etwa 4 cm Durchmesser; als Objektiv diente eine achromatische Fernrohrlinse von ca. 135 mm Brennweite mit einer Öffnung von ca. 1:2,5. Später wandten sich die Gelehrten für ihre Aufnahmen dem Verfahren der Daguerreotypie zu.

Oben, v. l. n. r.: Kolonnaden am Odeonsplatz; Frauenkirche; Teilansicht von Schloß Nymphenburg; Glyptothek. Unten ein handschriftlicher Vermerk Kobells.

auszulösen. Mit Hilfe ihres lichtempfindlichen Papiers gelang ihnen eine Anzahl kleiner Negative von Gebäuden in München (siehe Abbildungen). Diese Fotografien – die ersten, die in Deutschland gemacht wurden – befinden sich heute im Deutschen Museum zu München.

Der Redakteur der Zeitschrift *The Athenaeum* kommentierte die Entwicklung in der Ausgabe vom 6. April 1839 folgendermaßen: „Wir können beobachten, daß einige Zeitgenossen nach wie vor Streitgespräche vom Zaun brechen, wenn es um die Erfindungen von Mr. Fox Talbot und Monsieur Daguerre geht – als ob da noch ein Zweifel hinsichtlich der Priorität existierte. In Wirklichkeit kann über dieses Thema kein Mißverständnis bestehen. Mr. Talbot selbst hat festgestellt, daß er seit vier oder fünf Jahren seine Aufmerksamkeit diesem Gebiet zugewandt hatte; demgegenüber sind reichlich Beweise vorhanden, daß Monsieur Daguerre seit mehr als einem Dutzend Jahren großen Fortschritt in seiner Erfindung gemacht hat, ja tatsächlich viele Bilder herstellen konnte. Wir wiederholen aber, daß diese Verfahren vollkommen verschieden sind und demgemäß auch die Ergebnisse. Nachdem wir Musterbilder von allen gesehen haben, darunter solche aus der besten Auswahl des Mr. Talbot, des Sir John Herschel und des Mr. Havell, möchten wir ausdrücklich feststellen, daß jene des Monsieur Daguerre bei weitem alles übertreffen, was bisher in unserem Land hergestellt worden ist.“

Ein Professor der Mineralogie, der als Mundartdichter besonderen Nachruhm genießt (Kobell), und ein Professor der Mathematik und Physik (Steinheil), der den Grund zu einem Weltunternehmen der optischen Industrie legte – das waren die beiden Gelehrten, die zu Beginn des Jahres 1839 in München erfolgreich fotografische Experimente unternahmen. Aufnahmen (nach dem Kollodiumverfahren) von Franz Hanfstaengl.

Links: Franz von Kobell (1803–1882). Oben: Carl August von Steinheil (1801–1870). Um 1857. Sammlung Hanfstaengl.

Daguerreotypien, von englischen Wissenschaftlern untersucht

Arago lud eine Gruppe englischer Wissenschaftler ein, in Paris Daguerres Daguerreotypien zu besichtigen. Unter denen, welche die Einladung annahmen, waren drei von Talbots Kollegen in der *Royal Society:* Sir John Robison, Sekretär und Mitglied der *Royal Society* von Edinburgh, James David Forbes, mit dreißig Jahren bereits berühmt für seine Forschungen über das Hitzephänomen, und Sir John Herschel.

Alle drei waren verblüfft von dem, was sie sahen. Robison schrieb in *The Athenaeum:* „Es war sogleich offensichtlich, daß Monsieur Daguerres Methode, Bilder herzustellen, ganz und gar verschieden war von allem, was ich in England gesehen oder wovon ich gehört hatte. Die Bilder waren so vollkommen, wie es nur irgend möglich ist, solange die Farbe fehlt. Und obwohl sie diesen letzten Vorzug nicht besaßen, merkte man kaum, daß das Kolorit nicht da war, weil die Naturtreue und die Genauigkeit bis ins kleinste Detail so vorzüglich waren, daß Farbe nur noch wenig dem Reiz, den man bei der Betrachtung empfand, hätte hinzufügen können. Am besten kann ich eine Vorstellung von der erzielten Wirkung vermitteln, indem ich sage, daß der Effekt nahezu der gleiche ist wie bei Panoramen, die man in einem schwarzen Spiegel reflektiert sieht . . . Der kleinste Riß in einer Mauer, ein verwittertes Blatt oder eine Staubansammlung, so wie lediglich ein Fernrohr sie an einem entfernten Gebäude entdecken kann – sie finden sich in den Bildern von Monsieur Daguerre wieder, wenn man sie mit Hilfe einer starken Lupe betrachtet."

Forbes schrieb an seine Schwester: „Von all meinen Erlebnissen in Paris ist das bei weitem Interessanteste die Tatsache, daß ich Daguerres Bilder gesehen habe – eine Sache, die jetzt ein wenig schwierig ist. Aber Monsieur Arago hatte freundlicherweise dafür gesorgt, daß unsere große Gruppe am Tag, bevor ich Paris verließ, Zutritt hatte. Es steht fest, daß ich auf eine Enttäuschung vorbereitet war; aber ich zögere nicht zuzugeben, daß ich weit über meine positivsten Erwartungen hinaus angenehm berührt war. Kurz, die Sache scheint kaum glaubhaft. Alle Arten von Objekten waren bei den Aufnahmen vertreten: Möbel, Gipsabgüsse, Vorhänge usw., alle von der Camera obscura getreulich festgehalten; Ansichten, die im Freien an verschiedenen Stunden des Tages in drei oder vier Minuten festgehalten worden waren, darunter exquisite Motive, bei denen die für die Tageszeit charakteristischen Schatten so wiedergegeben waren, wie kein Künstler dies tun kann . . . "

Forbes schloß seinen Brief, indem er (in französischer Sprache) zitierte, was Herschel zu Arago gesagt hatte: „Wir sind die reinen Abc-Schützen – Sie können sich gar nicht vorstellen, wie wunderbar das alles ist! Es ist wie Magie!" Eines der Akademiemitglieder berichtete, Herschel habe ihm gesagt: „Die Versuche, die in England gemacht worden sind, sind Kinderspiel, verglichen mit dem, was Daguerre vollbracht hat. Mr. Talbot selbst wird mir darin bald recht geben, denn ich werde ihm schreiben, er solle herkommen und diese Wunderwerke anschauen."

Am 9. Mai schrieb er an Talbot: „Es ist kaum zuviel gesagt, wenn man die Bilder für Zauberwerk hält. Auf jeden Fall sind sie besser als alles, was ich mir innerhalb der Grenzen vernünftiger Erwartung hätte vorstellen können. Die am feinsten ausgearbeitete Radierung kann nicht den Reichtum und die Delikatesse der Ausführung erreichen; jede Abstufung von Licht und Schatten wird mit einer Weichheit und Naturtreue wiedergegeben, die jegliche Malerei weit hinter sich läßt. Daguerres Belichtungszeiten sind auch sehr kurz – an einem hellen Tag genügen drei Minuten . . . Kurz, wenn Sie mal einige Tage zu Ihrer Verfügung haben, dann kann ich Ihnen nichts Besseres empfehlen,. als zu kommen und zu schauen. Bitte haben Sie Verständnis für meine Überschwenglichkeit."

Es ist nicht bekannt, ob Talbot Herschels Rat befolgt hat. Auf jeden Fall war er schmerzlich betroffen von dem Enthusiasmus, den sein Freund für den Erfolg seines Rivalen zeigte. Herschel erläuterte ihm: „Als ich Ihnen von Paris aus schrieb, war der Eindruck von Daguerres wunderbaren Bildern noch ganz frisch. Nach einigem Nachdenken sehe ich mich in keiner Weise in der Lage, an meiner Bewunderung Abstriche zu machen. Das aber hat gar keinen Einfluß auf meinen Wunsch, daß jene Verfahren, die auf der Verwendung von Papier beruhen, weiter vervollkommnet werden sollten. Denn ich sehe nicht, auf welche andere Weise eine Vervielfältigung durch Kopien erreicht werden könnte. Das ist eine Möglichkeit der fotografischen Kunst, der Daguerres Verfahren, wie er selbst zugibt, nicht gerecht werden kann."

Dieses prophetische Schreiben trug das Datum vom 24. Juni 1839, aber aus irgendeinem Grund wurde es erst am 6. Juli abgeschickt.

In der Zwischenzeit war die französische Regierung im Begriff, aktiv zu werden, und zwar durch den Ankauf von Daguerres Geheimnis.

Kapitel XI

Daguerres Triumph

Bei jeder nur denkbaren Gelegenheit zeigte Daguerre seine Daguerreotypien prominenten Wissenschaftlern, Künstlern und Schriftstellern. Unter denen, die in sein Atelier kamen, war der amerikanische Maler und Erfinder Samuel F. B. Morse. Er befand sich in Paris, um für seinen elektrischen Telegrafen, den er der *Académie* vorgeführt hatte, Reklame zu machen. Morse zeigte sich stark beeindruckt von den Daguerreotypien. „Wie fein und detailreich die Zeichnung dieser Bilder ist, das kann man sich gar nicht vorstellen", schrieb er an seinen Bruder. „Die Innenansichten, die Daguerre aufgenommen hat, sind verbesserte Rembrandts."

Morse revanchierte sich, indem er Daguerre zu einer Vorführung seines Telegrafenapparates einlud, und gegen Mittag am 8. März 1839 kletterte Daguerre drei Stockwerke hoch zu der Wohnung, die Morse mit dem Reverend Mr. Edward Kirk in der *Rue Neuve des Mathurins* teilte. In einem Zimmer war die Sendeapparatur, in einem anderen der Empfänger aufgebaut. Die Erfindung des Mr. Morse faszinierte Daguerre.

Die Stunde, zu der dies geschah, brachte Unheil für Daguerre. Am anderen Ende der Stadt stand sein Diorama in Flammen.

Es war kurz vor zwölf Uhr mittags, als der Billettverkäufer, der sich für die Frühvorstellung zum Dienst meldete, Rauch in der Luft spürte. In wenigen Minuten brannte das Theater. „Die Flammen stiegen unvorstellbar hoch, und ein vernichtender Regen von rotglühenden Teilen fiel auf die Häuser der Umgebung." Nichts konnte gerettet werden; in weniger als einer halben Stunde war das Diorama vollkommen zerstört. Glücklicherweise war Daguerres Wohnung, die sich im sechsten Stock eines anstoßenden Gebäudes befand, nicht zu schwer beschädigt, und ein Aktenbündel, das die Notizen über seine fotografischen Forschungen enthielt, konnte gerettet werden. Aber dieser Brand war ein vernichtender Schlag; Daguerre war auf das Diorama angewiesen gewesen – für seinen Lebensunterhalt wie für die Finanzierung seiner fotografischen Arbeiten.

Pensionen für Daguerre und Niépce

Arago verdoppelte nun seine Anstrengungen, von der Regierung finanzielle Unterstützung für Daguerre und seinen Partner, Isidore Niépce, zu bekommen. In Gegenwart der englischen Besucher sagte er Daguerre im Mai, daß er die Sache mit Nachdruck betreiben wolle. Er schrieb an den Minister des Inneren: „Ich weiß aus persönlicher Kenntnis, daß Monsieur Daguerre reizvolle Offerten zurückgewiesen hat, die ihm zu mehreren Malen im Namen verschiedener mächtiger Herrscher gemacht worden sind. Diese Tatsache kann die Bedeutung nur unterstreichen, die uns allen vor Augen steht. Die bereits existierende große Mehrheit im Parlament, die nur auf eine Gelegenheit wartet, ihre Sympathie für den Erfinder des fotogenischen Prozesses und des Dioramas zu zeigen, den jetzt solches Unglück befallen hat, kann nur noch größer werden.

Ich hoffe sehr auf eine positive Antwort . . . Sollten Sie aber, entgegen meiner Erwartung und Hoffnung, der Meinung sein, daß die Regierung nicht die Initiative ergreifen sollte, so werden Sie es, hoffe ich, nicht für unzulässig halten, wenn ich, entsprechend einem Wunsch aus der gesamten Abgeordnetenkammer, es unternehmen sollte, diese durch einen formellen Antrag für die Entdeckung unseres genialen Landsmanns zu mobilisieren."

Der Minister bildete am 5. Juni eine Kommission, die aus Arago, Louis Vitet (dem früheren Denkmalschützer und nunmehrigen Abgeordneten von Bolbec) und dem Maler Paul Delaroche bestand. Sie sollten darüber befinden, „ob ein Grund besteht, beim Parlament um eine Vergütung für Daguerre und Niépce durch die Nation nachzusuchen". Delaroche war aufs höchste begeistert; er bezeichnete die Daguerreotypie als „einen immensen Dienst, der hier der Kunst geleistet wurde". Arago war ohnehin überzeugt, und Vitet stimmte zu, daß die gemeinsame Antwort eine entschieden bejahende sein sollte.

Am 14. Juni machte der Minister Daguerre und Niépce einen vertraulichen Vorschlag: Wenn sie einverstanden wären, dann würde ein Gesetzentwurf dem Parlament und dem König zur Genehmigung unterbreitet werden. Darin sollte stehen, daß Daguerre eine jährliche Pension, und zwar lebenslang, von 6000 Francs (damals 1200 Dollar) erhalten sollte als Entschädigung für das Recht, sein Daguerreotypie-Verfahren und technische Einzelheiten des Dioramas der Öffentlichkeit zu übergeben. Isidore Niépce sollte eine Pension von 4000 Francs

(800 Dollar) erhalten für das Recht, die Erfindung seines Vaters zu veröffentlichen. Wenn auch nicht fürstlich, so waren die vorgeschlagenen Jahreszahlungen doch ausreichend, um nach damaligem Standard ein bequemes Leben zu ermöglichen. Zum Vergleich: Es hatte Nicéphore Niépce 300 Francs gekostet, um einen Monat in England leben zu können; er hatte sich beklagt, daß dies überaus teuer sei.

Die Partner waren so sicher, daß der Vorschlag Billigung finden würde, daß sie sich sogleich ans Pläneschmieden machten, um soviel geschäftlichen Nutzen aus ihrem Verfahren zu ziehen, wie das Gesetz nur irgend erlauben würde.

Am 22. Juni unterschrieben sie einen Vertrag mit Alphonse Giroux, einem Verwandten von Madame Daguerre, der ein Geschäft für Künstlerbedarf unterhielt. Daguerre verpflichtete sich, „Monsieur Giroux persönlich in das Geheimnis seiner Erfindung mit allen Einzelheiten einzuweihen", sobald der Gesetzentwurf beide Häuser des Parlaments passiert haben würde.

Fossilien, aufgenommen von Daguerre um 1839. Die zum Greifen deutliche Naturtreue und die Fülle der feinen Details, welche den besonderen Charakter des Daguerreotypie-Verfahrens ausmachten, erregten die Aufmerksamkeit und Bewunderung der Zeitgenossen in besonderem Maße. Conservatoire des Arts et Métiers, Paris.

François Dominique Arago (1786–1853), der bedeutende Astronom und Physiker, benutzte den Einfluß, den er als Wissenschaftler wie als Politiker hatte, um Daguerres Erfindung zum Erfolg zu verhelfen. Lithografie von Charles Baugniet, 1833. International Museum of Photography, Rochester.

Alphonse Giroux et Cie. erhielten das Recht zur Fabrikation „der verschiedenen Ausrüstungsgegenstände, die zur Daguerreotypie-Apparatur gehören", und die Firma wurde „von Monsieur Daguerre zu der Bekanntmachung autorisiert, daß die Apparatur unter seiner Leitung hergestellt wird". Die Erträge sollten geteilt werden; die Hälfte sollte Giroux, Daguerre und Niépce je ein Viertel erhalten.

Das politische Geschehen vollzog sich rasch.

Die Abgeordnetenkammer behandelte die Gesetzesvorlage (siehe Abbildung) am 9. Juli 1839. Arago sprach zu ihren Gunsten. Die Vorlage wurde am 9. Juli mit 237 gegen drei Stimmen angenommen.

Im Oberhaus *(Chambre des Pairs)* fand die Lesung des Gesetzes am 17. Juli statt. Joseph Louis Gay-Lussac von der *Académie des Sciences* setzte sich für die Vorlage ein. Am 2. August wurde sie mit 92 gegen vier Stimmen angenommen.

König Louis Philippe unterzeichnete die Vorlage am 7. August; damit wurde sie – unter der Registernummer 8099 – Gesetz.

Daguerre und Niépce erhielten daraufhin die Aufforderung, ihre Verfahren am 19. August der Öffentlichkeit zu enthüllen, und zwar in einer gemeinsamen Sitzung der beiden stolzen Institutionen: der *Académie des Sciences* und der *Académie des Beaux-Arts.*

Öffentliche Bekanntgabe des Daguerreschen Verfahrens

Ein Büchlein von 79 Seiten, *„Historique et Description des Procédés du Daguerréotype et du Diorama"*, welches genaue Angaben und maßstabgerechte Zeichnungen der Kamera und der Verarbeitungsgeräte enthielt, dazu ausführliche Anleitungen zur Anfertigung von Daguerreotypien, war bereits im Druck. Der ursprüngliche Bericht von Nicéphore Niépce über seinen „heliografischen Prozeß" war getreu abgedruckt – mit ausführlichen Fußnoten von Daguerres Hand, die so kritisch und abschätzig gehalten waren, daß sogleich offenbar wurde, sie sollten die Schwächen des Verfahrens aufzeigen, von welchem Daguerre sich abgewandt hatte. Der Bericht, den Arago der Abgeordnetenversammlung gegeben hatte, fand sich ebenfalls abgedruckt, und zwar mit Fußnoten voller technischer Details, die Arago damals nicht hatte enthüllen können; dazu kam noch der Bericht von Gay-Lussac vor dem Oberhaus. In dem Büchlein befindet sich ein seltsamer Irrtum: Das Datum der Einbringung der Gesetzesvorlage wird als „15. Juni" gegeben. Tatsächlich erfolgte sie erst am 9. Juli. In ihrer Hast hatten Giroux und Daguerre das ursprünglich angesetzte Datum stehenlassen, das dann hatte verschoben werden müssen.

Die Bühne war vorbereitet. Montag, der 19. August 1839, war ein sonniger und ungewöhnlich warmer Tag in Paris. Die Atmosphäre im Hörsaal des schönen *Palais de l'Institut* – nahe der Seine – war stickig; trotzdem war gegen ein Uhr mittags kein Platz mehr frei, obwohl die Sitzung erst drei Uhr nachmittags beginnen sollte.

Rechts: Der Wortlaut des Gesetzentwurfs, der für Daguerre und den Sohn des Erfinders Niépce Pensionen vorsah. Nach Prüfung und Annahme durch die beiden Kammern des Parlaments wurde die Vorlage am 7. August 1839 von König Louis Philippe unterzeichnet und damit Gesetz. International Museum of Photography, Rochester.

PROJET DE LOI.

LOUIS-PHILIPPE,

ROI DES FRANÇAIS,

A tous présents et à venir, salut.

Nous avons ordonné et ordonnons que le projet de loi dont la teneur suit sera présenté, en notre nom, à la Chambre des Députés par notre Ministre secrétaire d'État au département de l'intérieur, que nous chargeons d'en exposer les motifs et d'en soutenir la discussion.

ARTICLE PREMIER.

La convention provisoire conclue le 14 juin 1839, entre le Ministre de l'intérieur, agissant pour le compte de l'État, et MM. Daguerre et Niepce fils, et annexée à la présente loi, est approuvée.

ART. 2.

Il est accordé à M. Daguerre une pension annuelle et viagère de 6,000 francs; à M. Niepce fils, une pension annuelle et viagère de 4,000 francs.

ART. 3.

Ces pensions seront inscrites au livre des pensions civiles du Trésor public, avec jouissance, à partir de la promulgation de la présente loi. Elles ne seront pas sujettes aux lois prohibitives du cumul. Elles seront reversibles, par moitié, sur les veuves de MM. Daguerre et Niepce.

Fait au palais des Tuileries, le 15 juin 1839.

Signé LOUIS-PHILIPPE.

Par le Roi :

Le Ministre secrétaire d'État,

Signé DUCHATEL.

Zweihundert Menschen – enttäuscht, daß sie keinen Einlaß finden konnten – drängten sich im Hof. Eine seltsame, erwartungsvolle Unruhe lag in der Luft.
Arago war der alleinige Referent (siehe Abb. unten). Er begann mit einer Entschuldigung: „Ich muß mein Bedauern zum Ausdruck bringen, daß der Erfinder dieser höchst genialen Apparatur es nicht auf sich genommen hat, all ihre Besonderheiten selbst zu erläutern. An diesem Morgen noch habe ich den verdienten Künstler gebeten, ja angefleht, einem Wunsch zu entsprechen, der, wie ich weiß, von jedermann geteilt wird. Aber eine Heiserkeit, die ihn befallen hat, dazu die Furcht, ohne die Hilfe von Demonstrationsbildern nicht hinreichend verständlich zu sein – kurz, übergroße Bescheidenheit hat sich als ein Hindernis erwiesen, das ich nicht habe überwinden können. Ich hoffe, daß die Versammlung Nachsicht mit mir haben wird, wenn ich versuche, und zwar mit nur ungenügender Vorbereitung, in Worten eine schlichte Erläuterung zu einem so komplizierten Thema abzugeben."

Es existiert kein wörtliches Protokoll dessen, was Arago ausführte; statt dessen wurde im *Compte rendu* der *Académie des Sciences* erneut die Ansprache abgedruckt, die er vor der Abgeordnetenkammer gehalten hatte – diesmal aber mit ausführlichen Fußnoten, „die nunmehr erklären sollen, was damals noch ein Geheimnis war". Arago präsentierte eine mit Einzelheiten versehene Geschichte der Entdeckung der Lichtempfindlichkeit von Silbersalzen, wobei er auch die frühen Experimente von Wedgwood und Davy und die Versuche von Niépce anführte. Talbot erwähnte er zu keiner Zeit. Nach dieser verhältnismäßig langen historischen Einleitung beschrieb er schließlich – und zwar ziemlich summarisch – Daguerres Verfahren. Er unterteilte es in fünf Maßnahmen:

1. *Reinigung und Politur der versilberten Kupferplatte,*
2. *Sensibilisierung mit Jod,*
3. *Belichtung in der Kamera,*
4. *Sichtbarmachung des unsichtbaren Bildes durch Quecksilberdampf,*
5. *Fixieren mit Natriumthiosulfat, Wässerung, Trocknen.*

Arago schilderte die Beschichtung der Platte als die kritischste Phase des Verfahrens, „weil der ganze Erfolg des Verfahrens von der vollkommenen Gleichförmigkeit der Jodsilberschicht abhängt, die gebildet wird". Er gab an, daß der bedeutende Chemiker Jean Baptiste André Dumas geschätzt habe, die Dicke der Jodsilberschicht „kann nicht mehr als den millionsten Teil eines Millimeters betragen". Arago sah sich nicht in der Lage, die Theorie des Verfahrens zu erläutern; er erklärte in aller Form, „daß die vereinte Gelehrsamkeit der physikalischen, chemischen und optischen Wissenschaften nicht in der Lage ist, eine Theorie dieser delikaten und komplizierten Vorgänge zu präsentieren, die auch nur einigermaßen vernünftig und befriedigend ist".
Arago schloß seine Ansprache mit einigen wissenschaftlichen Anmerkungen. „Es ist offensichtlich, daß die Daguerreotypie ein höchst sensibles Mittel ist, um die Verschiedenheit von Lichtintensitäten festzustellen – eine Aufgabe, die bisher eins der schwierigsten Probleme der Naturwissenschaften war. Es ist leicht

In einer gemeinsamen Sitzung der Académie des Beaux Arts und der Académie des Sciences wurde am 19. August 1839 in Paris Daguerres Verfahren durch Arago in seinen Einzelheiten erläutert und damit der Weltöffentlichkeit präsentiert. Collection Gernsheim in der Universität von Texas.

genug, den Unterschied der Intensität zweier Lichtquellen zu messen, wenn man sie gleichzeitig sieht. Falls jedoch der Wunsch besteht, Tageslicht zu vergleichen mit einer Beleuchtung, die nachts auftritt – also etwa das Licht der Sonne mit dem des Mondes –, dann war es bisher einfach unmöglich, genaue Resultate zu erzielen. Die Geräte und Materialien des Monsieur Daguerre sprechen selbst auf das Mondlicht an, und das war bisher bei keiner Vorrichtung der Fall, selbst wenn man die Strahlen mit einer starken Linse konzentrierte."

Die Zeitschrift *The Athenaeum* gab folgenden Kommentar: „Was die Physik angeht, so wies Monsieur Arago auf einige unmittelbare Anwendungsmöglichkeiten der Daguerreotypie hin – unabhängig von jenen, die er bereits in Zusammenhang mit der Fotometrie erwähnt hatte. Als Beispiel erwähnte er einige der komplexeren Phänomene, welche das Sonnenspektrum aufweist. Wir wissen zum Beispiel, daß die verschiedenen Farben des Spektrums von schwarzen Linien getrennt werden, woraus sich ergibt, daß Strahlen dieser Farbe an bestimmten Punkten abwesend sind. Es erhebt sich also die Frage, ob sich in der Erstreckung der chemischen Strahlen ähnliche Unterbrechungen ergeben. Monsieur Arago schlägt als eine einfache Lösung dieser Frage vor, man solle eine von Monsieur Daguerres Platten der Belichtung durch ein Spektrum aussetzen; daraus würde sich ergeben, ob die Strahlen, welche die Belichtung der Platte bewirken, eine zusammenhängende Skala ergeben oder eine solche mit Unterbrechungen."

Obwohl Aragos Darlegungen enthusiastischen Beifall bei seinen Zuhörern fanden, war eine gewisse Enttäuschung doch nicht zu verkennen.

Jules Janin, der Redakteur der Zeitschrift *L'Artiste,* eines avantgardistischen Kunstmagazins, schrieb: „Monsieur Daguerre hat es nicht gewagt, die wunderbare Erfindung selbst zu präsentieren, die er an Frankreich verkauft hat . . . Der Erfinder der Daguerreotypie hat im Schatten des gelehrten und hilfsbereiten Monsieur Arago Zuflucht gesucht, der während der ganzen Angelegenheit sein geistiger Helfer und sein Pate gewesen ist. Wir hatten erwartet, Monsieur Daguerre zu sehen, seine Kamera, seine Kupferplatten und alle weiteren Einzelheiten seiner Technik, deren Hauptwirkungsmittel die Sonne ist. Was wir tatsächlich gesehen haben, das war Monsieur Arago, der auftrat, um einen Bericht vorzulesen. Wir hatten also eine Beschreibung anstelle einer Vorführung. Kurz und gut, wir kennen keine Beschreibung, sei sie noch so lebhaft oder beredt oder so gut wie möglich – nun eben: von Monsieur Arago gegeben –, die ebensoviel wert wäre wie ein Mann, der auftritt und sagt: ‚Da war ich also, und dies und jenes geschah.' Nachdem wir erst einmal über diese anfängliche Enttäuschung hinweg waren, haben wir aufmerksam und pflichtschuldigst dem höchst wissenschaftlichen und doch ganz und gar verständlichen Bericht des Monsieur Arago gelauscht. Mit seinen Darlegungen gewann er die Achtung der gelehrten Zuhörerschaft, für die er sie verfaßt hat."

Die Zeitung *Le Figaro* war weniger duldsam. „Nehmen wir mal an, Sie haben Chemie studiert und sind ein anerkannter Techniker; nehmen wir weiter an, Sie haben hinreichend Erfahrung mit dem Studium der atmosphärischen Bedingungen, die bei solch großer Aufgabe eine Rolle spielen; nehmen wir an, Sie haben sich Physik, Hygrometrie und Feinmechanik angeeignet – dann können Sie so etwas wie eine einigermaßen befriedigende graue Zeichnung hervorbringen, falls drei oder vier Gelehrte zur Hand sind, Ihnen zu helfen." Die präzisen Angaben, die Arago gemacht hatte, wurden als eine Art Gebrauchsanleitung hingestellt: „Sie säubern die versilberte Seite mit höchster Sorgfalt, das ist wesentlich; Sie setzen sie Joddämpfen aus – und zwar in solcher Weise, daß dieser Dampf auf der Platte eine Schicht bildet, die haargenau den millionsten Teil einer Linie [ein altertümliches Maß von ungefähr zwei Millimetern] darstellt. Aber Vorsicht! Bestimmt nicht mehr als einen millionsten Teil! Sonst erleiden Sie sicheren Schiffbruch."

Die Zeitungen waren voll von ähnlichen satirischen Ausführungen.

Kapitel XII

Der Zauberspiegel

Daguerres Vorführungen

Daguerre, durch die feindselige Reaktion der Presse in nicht geringe Aufregung versetzt, besuchte Jules Janin, der so nachdrücklich seine Enttäuschung mit der Daguerreotypie in seiner Zeitschrift *L'Artiste* zum Ausdruck gebracht hatte. „Sie haben unrecht", sagte ihm Daguerre. „Zwar erfordert mein Verfahren eine gewisse Sorgsamkeit, aber jeder kann es durchführen . . . Ich möchte gerne, daß Sie gleich mit mir kommen, und zwar in den vierten Stock meines Hauses, und vor Ihren Augen werde ich ein Bild herstellen, das so naturgetreu, so brillant und so schön ist, wie nur ein Raffael es jemals hätte machen können."

Janin und seine Freunde nahmen die Einladung sogleich an. Eine lebendige Schilderung dieser Vorführung erschien am 1. September 1839 in *L'Artiste.*

„Wir alle riefen laut Bravo, scharten uns um Monsieur Daguerre und folgten den Vorgängen mit jener Erregung, wie sie Kinder haben mögen, denen der Vater – etwa ein Oberst – zum erstenmal erlaubt, ein Gewehr abzufeuern.

Wir trafen bei Daguerre ein und begaben uns, innerlich ein wenig aufgeregt, in das kleine Zimmer, wo er seine Wunder bewirkt. Das Haus befindet sich auf dem *Boulevard Saint-Martin* Nr. 17, neben dem Theater *Ambigu-Comique* . . . Daguerres Atelier ist sehr einfach eingerichtet: An den Wänden befinden sich hübsche Radierungen, mittelmäßige Gipsabgüsse, dazu Retorten und Bechergläser . . . Monsieur Daguerre hatte den Kasten für das Jod bereits auf den Tisch gestellt. Das geheimnisvolle Spiel sollte beginnen.

Daguerre ergriff eine leicht versilberte Kupferplatte. Er goß etwas Säure auf das Silber, wischte es trocken, dann rieb er es ab, und zwar mit etwas Bimsstaub, der mit Säure angefeuchtet worden war. Als das geschehen war – eine sehr einfache Angelegenheit –, brachte er eine dünne Kante desselben Metalls rings um die Platte an, mit Hilfe einiger bereitgelegter Schrauben. Nun wurde die Platte auf den Jodierungskasten gelegt. Das Jod befindet sich unten im Kasten und läßt seine Dämpfe durch Gaze hindurch zur spiegelnden Oberfläche der Platte hochsteigen. Die Fensterläden des Ateliers waren zwar geschlossen, doch war die Dunkelheit nicht so groß, daß wir einander nicht hätten sehen können. Von Zeit zu Zeit nahm Daguerre die Platte vom Kasten herunter; da er sie noch nicht hinreichend mit Jod versehen fand, legte er sie zurück, bis schließlich das Jod gleichmäßig über die ganze Oberfläche verbreitet war, die dann die Farbe von Gold annahm. Dieser Vorgang dauerte kaum eine Viertelstunde. Darauf legte er die so gefärbte Platte in eine Art hölzernen Futterals.

Man wählt das Motiv, das man wiedergeben will, und dann legt man die jodierte Platte in die Kamera, ohne die schützende Hülle zu öffnen. Ist diese einmal in der Kamera, so wird sie durch eine kleine Feder geöffnet, und bald beginnt der wundersame Vorgang. Das Licht, das von überall her kommt, macht auf der Platte all seine Kraft und sein Leben geltend. Die äußere Welt wird im Wunderspiegel reflektiert. In diesem Augenblick war die Sonne leicht verschleiert. ‚Sechs Minuten werden wir brauchen!', sagte Daguerre und zog seine Uhr heraus. Und richtig, nach sechs Minuten schloß er das Behältnis, in welchem die Platte befestigt war, und mit der Platte hatte er all die schöne Szenerie eingefangen; noch war sie unsichtbar fürs Auge. Nun blieb ihm nur noch, dieser verborgenen Welt zuzurufen: ‚Erscheine vor unseren Augen!' Ein zweiter Kasten [siehe Abb. S. 46] wurde herbeigebracht. Er enthielt Quecksilber. Mit Hilfe einer Lampe wird dieses Quecksilber erhitzt, bis es fünfzig Grad Celsius erreicht hat. Durch ein Glasfensterchen, das im Kasten für genau diesen Zweck vorgesehen ist, kann man dann beobachten, wie ganz allmählich die überaus wirksamen Dämpfe jeden Teil des Motivs im richtigen Ton langsam hervorkommen lassen. Die Szenerie erscheint, als sei sie vom unsichtbaren Stift einer Feenkönigin gezeichnet worden. Wenn dieser Vorgang beendet ist, wird die Platte herausgenommen und in ein Fixierbad gegeben; danach wird sie in warmem Wasser gebadet. Der Vorgang ist beendet, die Zeichnung ist vollkommen und unveränderlich vor unseren Augen. Und all das in einer Stunde – mehr oder weniger . . .

Es ergibt sich daraus, daß dieser ganze Vorgang, der im Bericht des Monsieur Arago fast unmöglich durchführbar erschien, sehr leicht und einfach ist, wie sich aus der Vorführung von Daguerre ergibt. Wir hatten also recht, als wir kürzlich bedauerten, daß Daguerre nicht selbst dem ungeduldig gewordenen Publikum das Instrumentarium vorführte, dem er seinen Namen gab . . .

Dem österreichischen Staatskanzler Fürst Metternich, der schon früh Anteil an Daguerres Erfindung genommen hatte, sandte dieser eine Daguerreotypie, wobei er das Bild als eins derjenigen bezeichnete, die seinerzeit zur Durchsetzung seiner Erfindung gedient hatten. Aufn. Joh. Willsberger (aus „Fotofaszination"). Sammlung Rudolf Skopec.

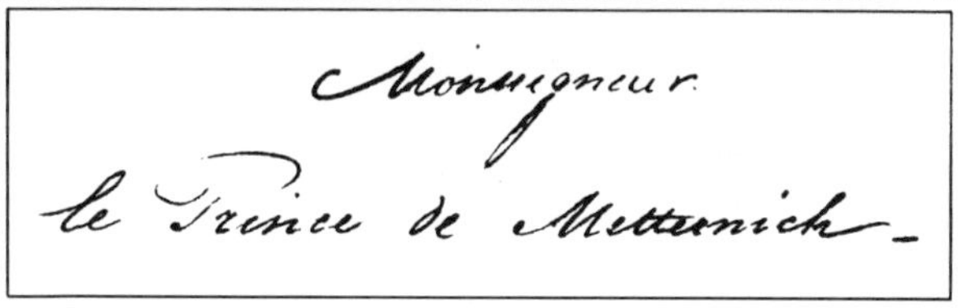

Monseigneur
le Prince de Metternich –

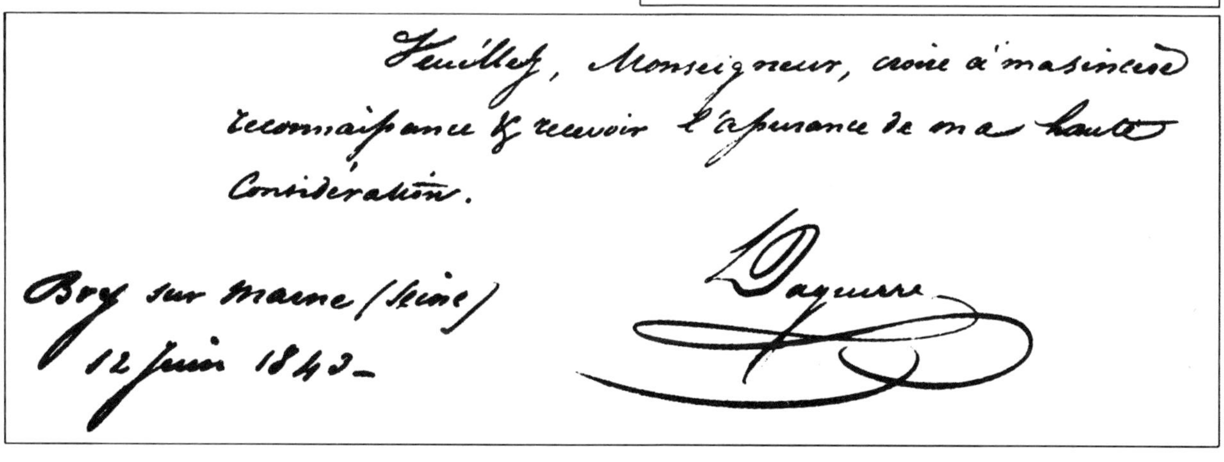

Veuillez, Monseigneur, croire à ma sincère reconnaissance & recevoir l'assurance de ma haute Considération.

Daguerre

Bry sur marne (Seine)
12 juin 1843 –

Monsieur Daguerre möchte seine Erfindung so volkstümlich wie möglich machen. Er schlägt deshalb vor, sein Verfahren öffentlich vorzuführen – genauso, wie er es uns vorgestern demonstriert hat. Der Innenminister, dem es eine Ehrenpflicht ist, diese wunderbare Entdekkung zu fördern, und der sich dafür der allmächtigen Unterstützung beider Häuser des Parlaments sicher sein darf, hat Daguerre den größten Saal des riesigen Palastes am *Quai d'Orsay* zur Verfügung gestellt . . . Dort wird Monsieur Daguerre einen schönen Schauplatz haben und mit Leichtigkeit Ansichten des Louvre, der Tuilerien, des Arc de Triomphe oder der Türme von Notre-Dame vorführen. Zweihundert Zuschauer werden zu den Vorführungen des Meisters zugelassen werden. Eine einzige Lektion, unterstützt durch die Broschüre, die Monsieur Daguerre jetzt herausbringt, wird zweifellos ausreichen, um aus zweihundert Zuschauern zweihundert demonstrierende Anhänger zu machen . . .“

Pl. IV.

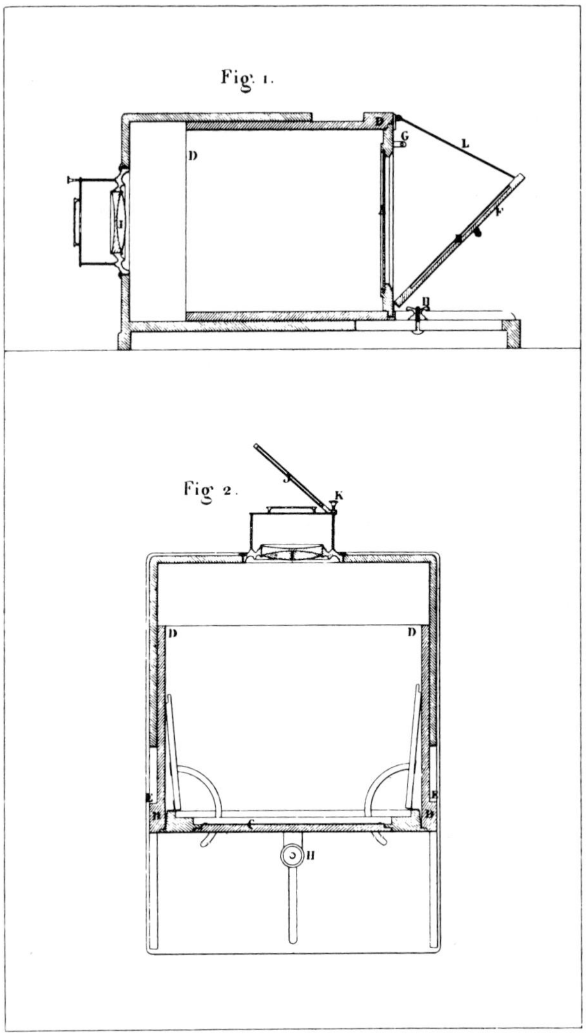

Die erste öffentliche Vorführung fand am 3. September statt. Daguerre war kein guter Lehrer. „Man hatte das Gefühl, daß er – aus einer gewissen Scheu und Befangenheit heraus, wie sie allgemein ist bei Menschen, die öffentliches Auftreten nicht gewöhnt sind – etwas zu knapp war in seinen Erläuterungen“, kommentierte der Berichterstatter der Zeitung *Le National*. „Nichtsdestoweniger war das Experiment ein Erfolg, und in dem Moment, als das Bild sichtbar wurde, wurde es mit einem wohlverdienten Riesenapplaus begrüßt.“ Zwei weitere Vorführungen wurden im *Hôtel d'Orsay* abgehalten, und dann kündigte Daguerre an, daß er bereit sei, angehenden Daguerreotypisten jeden Donnerstag, zwischen 11 Uhr vormittags und 3 Uhr nachmittags, im *Conservatoire des Arts et Métiers* zur Verfügung zu stehen.

Daguerres Ausrüstung

Das Gerät, das für seine fotografische Arbeit notwendig war, ließ Daguerre von Giroux bauen, und zwar nach seinen eigenen genauen Angaben. Einige der Originalkameras von 1839 (die sich, recht mißverständlich, *Le Daguerréotype* nannten) sind noch vorhanden. Die eine, die sich im *George Eastman House* (Rochester, N. Y.; heute: *International Museum of Photography*) befindet (siehe Abb. rechts), wurde durch Gabriel Cromer erworben, einen engagierten Sammler aller Dinge, die sich auf die Vergangenheit der Fotografie beziehen. Dieser Apparat stellt ein elegantes Stück Schreinerarbeit vor. Zwei ineinander verschiebbare Mahagonikästen sind auf einer gemeinsamen Grundplatte angebracht; der innere Kasten läßt sich vorwärts und rückwärts schieben, damit eine Entfernungseinstellung möglich ist. Die Rückseite der Kamera besteht aus einem Rahmen, der eine Mattscheibe enthält; an seiner Unterkante ist mit Hilfe eines Scharniers ein Glasspiegel in Holzrahmen angebracht, der durch einen Messingstab in einem Winkel von 45 Grad festgestellt wird (siehe Zeichn. links).

Nachdem das Aufnahmeobjekt auf der Mattscheibe betrachtet, die Entfernungseinstellung vollzogen war, wurde die Rückseite abgenommen und die Plattenkassette statt dessen eingesetzt. Die Platten vom Format 16,5 x 21 cm (eine Größe, die in England heute noch als *whole plate* bekannt ist) wurden durch Metallriegel an

Linke Seite: Die beschreibende Broschüre über sein Verfahren, die Daguerre unmittelbar nach dessen Verkündung herausgab (s. Abb. S. 83), enthielt eine Serie minutiös ausgeführter Detailwiedergaben der Apparaturen, hier Schnittzeichnungen der Kamera. International Museum of Photography, Rochester.

Unten: Eine Originalkamera Daguerres, die sich im International Museum of Photography zu Rochester (New York) befindet.

Rechts: Daguerre hatte die Lizenz, Kameras nach seinen Angaben zu bauen und unter Benutzung seines Namens zu vertreiben, Alphonse Giroux übertragen, einem Verwandten seiner Frau. Ein an der Kamera angebrachtes Siegel bezeugte die Authentizität.

einem Holzbrettchen befestigt. Dieses Brettchen paßt in eine lichtdichte Kassette mit „Doppeltüren“ an Scharnieren. Wenn die Plattenkassette am Rückteil der Kamera angebracht war, wurden die „Türen“, die nun der Linse zugewandt waren, geöffnet, indem man halbkreisförmige Messingarme eindrückte.

Das Objektiv, das aus der Werkstatt von Charles Chevalier kam, ist an der Vorderseite der Kamera fest angebracht. Es handelt sich um einen konkav-konvexen, verkitteten Achromat von 38 cm Brennweite und 81 mm Durchmesser, bestehend aus zwei Linsen und angebracht in einem Messingtubus, mit der konvexen Seite zum Aufnahmeobjekt hin. Die Tubus steht 68 mm über die Linse hinaus und wird mit einem Deckel geschlossen, der ein Loch von 27 mm Durchmesser hat; dieses dient als Blende. Die Bauart ist identisch mit der des Objektivs, welches Daguerre Niépce 1832 beschrieb.

Zusätzlich zur Kamera vervollständigen vier Holzkästen die daguerreotypische Ausrüstung:

1. Der Jodierungs- oder Beschichtungskasten. Dieser ist außen würfelförmig; das Innere präsentiert sich wie eine Pyramide, die auf der Spitze steht. Kleine Jodkörnchen wurden in einen Holzbecher gegeben, dieser auf den Grund des Kastens gestellt. Über dem Jod befand sich ein Schleier aus feiner Gaze; er hatte den Zweck, die Joddämpfe gleichmäßig an die Platte gelangen zu lassen, welche – mit der versilberten Seite nach unten – oben auf dem Kasten lag (darüber der Deckel).

2. Das Quecksilberbad (wie man es nannte). Dieses (siehe Abb. S. 46) kann man geradezu elegant nennen: Vier schlanke Beine tragen einen Holzrahmen. Die exponierte Platte wurde mit einer Neigung von 45 Grad, versilberte Seite nach unten, über einem eisernen Behälter angebracht, der auf dem Grund des Kastens eingebaut war. Darunter befand sich ein Brenner für Alkohol. Ein Thermometer, dessen Kolben sich im Quecksilber und dessen Skala sich an der Seite des Kastens befand, ermöglichte es dem Ausführenden, die Temperatur des Bades zu prüfen. Das gelbe Glasfensterchen, durch welches Jules Janin „die starken Dämpfe jeden Teil der Platte markieren“ sah, wird von einer doppelten Kappe bedeckt.

3. Der Kasten für die Aufbewahrung der Chemikalien – mit Unterteilungen, die zur Aufnahme der Flaschen mit Bimsstaub, Jod, Alkohol, Säure, Quecksilber und Fixiersalz bestimmt sind.

4. Ein Kasten für Aufbewahrung und Transport der Platten, mit Öffnung am Ende und vierundzwanzig Schlitzen, welche die Platten aufnehmen.

Die gesamte Ausrüstung kostete vierhundert Francs (achtzig Dollar in der Währung jener Tage). Die Pariser bemängelten den hohen Preis, das Ausmaß und das Gewicht der Ausrüstung.

Natürlich hätte jeder Beliebige genau gleiche Kameras und Verarbeitungsgeräte bauen können, denn sie waren ja in Daguerres Broschüre maßstabgerecht abgebildet. Infolgedessen brachte Giroux, um die gemeinsamen Interessen wenigstens in einem gewissen Ausmaß zu schützen, an jeder seiner Kameras ein ovales Schild (siehe Abb. S. 79) an, auf welchem (hier übersetzt) steht: „Garantie wird nur für Kameras gewährt, welche die Unterschrift des Monsieur Daguerre und das Siegel des Monsieur Giroux tragen.“

Im Deutschen Museum zu München: Verschiedene Typen der Apparaturen aus der Frühzeit der Fotografie.

Rechts oben: Zum Vergleich mit der Original-Daguerre-Kamera des Museums (der ersten, die nach Deutschland kam) stehen eine Steinheil-Kobell-Kamera (Pappröhrenkonstruktion) und die Metallkamera, die Voigtländer (Wien) 1841 konstruierte. Deren Objektiv war von dem Wiener Mathematikprofessor Josef Max Petzval speziell für fotografische Zwecke errechnet worden. Es hatte eine Lichtstärke von 1:3,7; der Durchmesser der kreisförmigen Bilder betrug 92 mm.

Rechts unten: Zur Voigtländer-Kamera gehörte ein kompletter Ausrüstungskasten. Er enthielt das auf S. 46 gezeigte Quecksilberkästchen, dazu das im Bild gezeigte Bearbeitungszubehör.

Links: Mit einer im Dezember 1839 von Prof. v. Steinheil gebauten Miniaturkamera von 12,2 cm Länge (hier: Replik aus dem Foto-Historama, Leverkusen) wurden Daguerreotypien vom Format 8,5 × 11 mm aufgenommen, die man mit einer neunfach vergrößernden Lupe betrachtete. Aufn. Uwe Breker, „Antique Cameras 78“.

DAGUERREOTYPE

Weingeist.
Destill. Wasser.
Jod-Auflösung.

Die Reaktion auf Daguerres Verfahren

Für Wissenschaftler war Daguerres Verfahren ein Rätsel. Arago sagte: „Tausende von wunderschönen Daguerreotypien werden vermutlich angefertigt worden sein, bevor die Wirkungsweise des Verfahrens vollständig analysiert sein wird.“ Talbot erhielt Daguerres Handbuch in Birmingham, wo er einer Versammlung der *Section A* der *British Association for the Advancement of Science* beiwohnte. Er erinnerte sich: „Ich benutzte die Gelegenheit, um die *Section* mit den Tatsachen zu konfrontieren, die ich selbst hinsichtlich der *metallic photography* herausgefunden hatte . . . Im Jahr 1834 entdeckte ich die Methode, eine Silberplatte lichtempfindlich zu machen, indem man sie Joddämpfen aussetzt. Ich bewegte mich demgemäß zu jener Zeit in den Fußstapfen von Daguerre, ohne zu wissen, daß er jener Kunst nachging, welche wir heute Fotografie nennen. Aber da ich nichts wußte von der Möglichkeit, das latente Bild mit Hilfe von Quecksilberdämpfen hervorzurufen, fand ich, daß meine Jodsilberplatten nicht genügend empfindlich waren – und infolgedessen zog ich es vor, mein *photogenic drawing paper* zu benutzen.“
Er erwähnte, daß Arago nicht wußte, wie er „diesen delikaten und komplizierten Prozeß“ erklären sollte. Wenn, so sagte Talbot, der hervorragende französische Gelehrte nach sechsmonatigen Versuchen noch immer vor einem Rätsel stand, „dann erscheint mir dies als ein Aufruf an alle Wissenschaftler, ihre Anstrengungen zu vereinen, um durch die Sammlung neuer Tatsachen in die Natur dieser Phänomene einzudringen“.
Schon damals hatte Jean Baptiste Biot die profunde Beobachtung gemacht, daß das Phänomen der Fotografie mit mehr zu tun hatte als lediglich mit sichtbarem Licht. Denn das Aufnahmematerial war ja für unsichtbare Strahlung geradeso empfindlich wie für sichtbare. Er verkündete im *Journal des Savants* (März und April 1839) eine bemerkenswerte Prophezeihung: daß nämlich Daguerres Entdeckung den Wissenschaftlern ein Mittel an die Hand geben werde, um Strahlungen zu untersuchen, über die man, wie er sagte, „nicht das mindeste weiß“. Und er fuhr fort: „Die Elemente einer allgemein vorhandenen Strahlung, die auf solche Weise identifiziert und analysiert werden könnten, sind jene Wirkungsmittel, welche eine unendliche Anzahl von Reaktionen bei lebenden Organismen hervorrufen, ja sie vielleicht entscheidend bestimmen, und dazu die Erlebnisse und Erfahrungen, welche diese Organismen haben. Wer weiß denn, ob Strahlungen aller möglichen Art – ob sie nun von Feuer, von der Erde oder vom Himmel ausgehen – alle von derselben Art sind, oder ob sie nicht jeweils ganz eigene Wirkungen ausüben, welche organische und unorganische Körper verschieden beeinflussen?“

Gegen Ende jenes Jahres brachte Alphonse Donné eine Theorie vor, welche die Vorgänge bei der Entstehung von Daguerreotypien erläutern sollte. Er bemerkte, daß Silberjodid nach dem Beschichtungsvorgang mit beachtlicher Zähigkeit an der Metallplatte haftete. Nach der Belichtung hingegen war das Silberjodid weit weniger zäh und konnte leicht abgerieben werden. Er nahm an, daß das Licht eine physische Wirkung ausübe, und stellte sich vor, daß das belichtete Silberjodid zersetzt werde, wodurch mikroskopisch kleine Löcher entstünden, durch welche das Quecksilber die Silberschicht erreichen und dort das Amalgam bilden könnte. Das unbelichtete Silberjodid, das nach wie vor fest an der Metallplatte haftete, müßte demgegenüber wie eine Maske wirken.
John William Draper, der als einer der ersten in Amerika Daguerres Versuche wiederholte, nahm an, das Verfahren sei jenem Phänomen verwandt, das er die „gegenpolige Zersetzung des Wassers“ nannte; mit anderen Worten: Elektrolyse. „Wir wissen, daß kein Jod jemals von der Platte ausgeschieden wird, selbst unter überaus verlängerter Lichteinwirkung. Die Ursache für die schließliche Erscheinungsweise des Bildes liegt in der Tatsache, daß Silber an der vorderen Oberfläche der Platte freigesetzt wird . . . Aus dem Umstand also, daß Jod an der Rückseite der Schicht und Silber an ihrer Vorderseite ausgeschieden wird und daß die Schicht selbst in ihrer Dicke gleichmäßig bleibt, wird offensichtlich, daß eine starke Ähnlichkeit besteht zwischen diesem Phänomen und dem der gegenpoligen Zersetzung von Wasser. Die elektropositiven und elektronegativen Elemente bilden sich auf den entgegengesetzten Seiten der Schicht, und deren Inneres ist unaufhörlichen gegenpoligen Veränderungen unterworfen – so etwa, als glitten die entgegengesetzt geladenen Teilchen aneinander vorbei und auseinander.“ Diese Theorie verträgt sich auf bemerkenswerte Weise mit modernen Erläuterungen der Photolyse und der Festkörper-Theorie.

Rechts: Die französische Fassung der Broschüre Daguerres erschien unmittelbar nach der Bekanntgabe des Verfahrens und wurde in identischer Fassung unter dem Impressum verschiedener Verleger verkauft (Foto-Historama, Leverkusen). Auch die erste deutsche Fassung erschien im gleichen Jahr (Collection Dr. Rolf H. Krauss).

Kapitel XIII

Internationaler Erfolg

Die Kunde verbreitet sich

Wie man Daguerreotypien anfertigt, das lernte die Welt aus Daguerres Broschüre, die binnen weniger Wochen ein internationaler Bestseller wurde. Ursprünglich wurde sie unter der Verlagsbezeichnung Alphonse Giroux veröffentlicht, aber diese Auflage war offensichtlich sehr klein, denn es existieren heute nur noch zwei Exemplare, die sich beide in der Sammlung des *George Eastman House* (heute: *International Museum of Photography*) in Rochester (USA) befinden. Die völlig identisch gedruckten Seiten des Textes zusammen mit den sechs Illustrationen, feinen Kupferstichen, erschienen jedoch in großer Zahl unter dem Verlagssignet und mit der Eigenreklame der Konkurrenten des Alphonse Giroux: Susse Frères (siehe Abb. unten), Molteni et Fils Ainé und Lerebours. Es gab sechs dieser Varianten von Erstausgaben. Eine zweite Ausgabe, die als Frontispiz ein Porträt von Daguerre enthielt, wurde von Giroux am 28. September herausgebracht. Drei verschiedene englische Übersetzungen erschienen. Gegen Ende des Jahres 1839 war Daguerres Anleitungsbüchlein auf deutsch, schwedisch, russisch, italienisch und spanisch erhältlich; im Jahr danach auf ungarisch und polnisch.

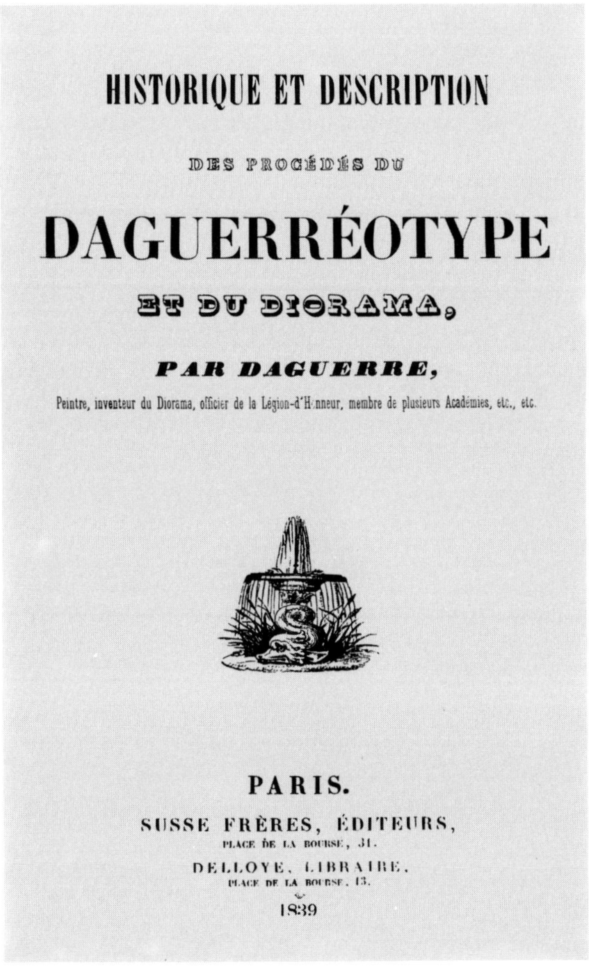
HISTORIQUE ET DESCRIPTION

DES PROCÉDÉS DU

DAGUERRÉOTYPE

ET DU DIORAMA,

PAR DAGUERRE,

Peintre, inventeur du Diorama, officier de la Légion-d'Honneur, membre de plusieurs Académies, etc., etc.

PARIS.

SUSSE FRÈRES, ÉDITEURS,

PLACE DE LA BOURSE, 31.

DELLOYE, LIBRAIRE,

PLACE DE LA BOURSE, 13.

1839

Daguerre's

ausführliche Beschreibung

seiner

großen Erfindung,

oder

die Kunst,

auf die beste Art die so höchst merkwürdigen Lichtbilder zu verfertigen.

Gemeinfaßlich

von

Daguerre selbst mitgetheilt,

nebst den neuesten Berichten darüber von mehreren berühmten Naturforschern.

Aus dem Französischen

frei übersetzt

von einem deutschen Physiker.

Mit 6 Tafeln Abbildungen.

Stuttgart:

J. Scheible's Buchhandlung.

1839.

Samuel F. B. Morse schrieb in einem Brief an Daguerre: „Die erste Broschüre mit dem Exposé Ihres Verfahrens, die in Amerika beim Buchhändler ankam, besitze ich." Er ließ sich eine Kamera anfertigen und machte am 28. September eine Daguerreotypie-Aufnahme einer Kirche; die Belichtungszeit war fünfzehn Minuten. Man glaubt zu wissen, daß D. W. Seager noch früher war; er behauptete, am 16. September eine Daguerreotypie angefertigt zu haben. Beide Aufnahmen existieren nicht mehr. Die früheste noch erhaltene amerikanische Daguerreotypie, eine Ansicht der *Central High School* in Philadelphia, die sich jetzt im Besitz der *Pennsylvania Historical Society* befindet, wurde im Oktober von Joseph Saxton aufgenommen mit einer Kamera, die er aus einem Vergrößerungsglas und einer Zigarrenkiste gebastelt hatte. Das Bild, nicht sonderlich gut, ist eher eine Silhouette zu nennen und nur $2\frac{1}{2} \times 4$ cm groß.

Wie Jules Janin prophezeit hatte, wurden Daguerres Schüler seine Vorführ-Propagandisten. Sie zeigten genau – mit jener Ausführlichkeit und Anschaulichkeit, die kein Handbuch vermitteln kann –, wie das Gerät zu benutzen war. Außerdem führten sie Daguerreotypien vor, die von Daguerre selbst oder unter seiner Anleitung angefertigt worden waren und vorbildliche Ergebnisse zeigten. Diese Fotos dienten als Musterbeispiele, an denen die Lernenden ihre Fortschritte ermessen konnten.

François Gouraud, der sich als Agent Daguerres bezeichnete, brachte im November eine Auswahl von Daguerreotypien nach Amerika, zusammen mit einer Kollektion von Gouraud-Kameras. Die Ausstellung der Bilder erregte in New York großes Aufsehen. „Wir haben bisher nur die Hälfte erfahren", schrieb *The Observer*. „Wir können keine Worte finden, um den Reiz dieser Bilder, die nicht von sterblicher Hand gezeichnet wurden, hinreichend auszudrücken." Der Bürgermeister von New York notierte in seinem Tagebuch: „Jeder Gegenstand, so klein er sei, präsentiert sich als eine vollkommene Wiedergabe des Objekts selbst. Die Haare auf dem Kopf des Menschen, die Kieselsteine auf dem Weg, das feine Gewebe eines Seidenvorhangs oder der Schatten eines kleinen Blattes, an der Hausmauer sich abzeichnend – sie alle werden so getreulich dargeboten, wie Natur oder Kunst sie in den wiedergegebenen Gegenständen geschaffen haben . . ."

In Wien wurde die Daguerreotypie von Andreas Freiherr von Ettingshausen eingeführt; er war Physikprofessor der Universität Wien und befand sich zufällig in Paris, als das Verfahren öffentlich bekanntgemacht wurde. Einer Aufforderung des Fürsten Metternich folgend, nahm er Unterricht bei Daguerre und hielt, als er nach Wien zurückgekommen war, Vorlesungen über die Daguerreotypie.

Links: Ein frühes Porträt aus der Geschichte der Fotografie: Dorothy Draper, New York, mit 65 Sekunden Belichtungszeit aufgenommen von ihrem Bruder, Prof. John W. Draper (siehe S. 62). Das Bild war bisher nur in einer Reproduktion nach einem Duplikat bekannt, das Draper im Juni 1840 an Sir John Herschel gesandt hatte, um die Möglichkeit von Porträts zu demonstrieren. Die hier wiedergegebene Daguerreotypie wurde jüngst von der Familie Draper der Smithsonian Institution in Washington gestiftet.

Rechts: Der Mond, aufgenommen in Cambridge von John Adams Whipple im März 1851. Das Objektiv hatte eine Brennweite von ca. 6,90 m; die Belichtungszeit betrug 13 Sekunden. The Science Museum, London.

Oben: Je mehr die technischen Bedingungen der Daguerreotypie verbessert und dadurch vertretbar kurze Belichtungen ermöglicht wurden, um so mehr wurde das Bildnis des Menschen die eigentliche Domäne des Verfahrens. Und um so lebensechter wurden die Bilder. Porträt um 1855, vermutlich des Malers Cäsar Wittlich (Fotograf unbekannt). – Rechts: Eine Daguerreotypie, um 1853 mit der Voigtländer-Kamera (s. Abb. S. 81) aufgenommen, zeigt die Auffahrt vor der Münchener Michaeliskirche. (Als Daguerreotypie seitenverkehrt.) Beide Abb.: Deutsches Museum, München.

Ein englisches Patent für die Daguerreotypie

In England begann H. de St. Croix, der Daguerres erster Vorführung beigewohnt hatte, eine Reihe täglicher Vorträge, die er am 13. September 1839 in London begann. Doch kaum hatte er einen Anfang gemacht, da mußte er durch Gerichtsverfügung diese Aktivität bereits wieder einstellen. Der Einspruch kam von einem gewissen Miles Berry, der ihm Patentverletzung zum Vorwurf machte.

Berry handelte im Auftrag von Daguerre und Niépce. Durch ihn hatten die Erfinder am 15. Juli insgeheim ein Patent beantragen lassen. Am 14. August war die Daguerreotypie *in England, Wales and the Town of Berwick upon Tweed by Her Majesty's Royal Letters Patent No. 8194* gesetzlich geschützt worden, so daß eine freie Ausübung nicht möglich war.
In England herrschte darüber Empörung. Man konnte sich einen solchen Schritt Daguerres gar nicht vorstellen, so wenig war er zu vereinbaren mit Aragos anspruchsvoller Aussage vor der Abgeordnetenkammer, daß Frankreich stolz sei, die Daguerreotypie „frei der ganzen Welt zur Verfügung zu stellen".

Daguerre antwortet mit einer überraschenden Rechtfertigung

John Pye, ein Kupferstecher, der Daguerre kannte, schrieb ihm daraufhin. Der Erfinder antwortete am 18. Oktober:

„Sehr geehrter Herr, in Antwort auf Ihren Brief vom 4. dieses Monats, betreffend das Verfahren der Daguerreotypie und das in England für dasselbe erhaltene Patent im Namen des Herrn Miles Berry, Chancery Lane, bewirkt vor irgendeiner Ausstellung desselben in Frankreich, erlaube ich mir die Feststellung, daß die Patentbeantragung in voller Übereinstimmung mit mir erfolgt ist und daß Mr. Miles Berry Vollmacht hat für jegliches Vorgehen, das er bei sachverständigem juristischem Rat für angebracht hält.

Themenbreite der Daguerreotypie.

Linke Seite: Ein „news picture" eines Großbrandes, 1853 von George Barnard in Oswego im Staat New York aufgenommen. International Museum of Photography, Rochester.

Rechts: „Akademien" nannte man jene Studien, welche in erheblicher Anzahl (und in recht verschiedenen Graden der Verfänglichkeit) gefertigt wurden, seit Menschendarstellungen im Atelier technisch möglich waren. Diese Studien entstanden unter dem Vorwand, Künstlern als Vorlage zu dienen. Vielfach traf das auch zu. Daguerreotypie wohl der 1850er Jahre, Fotograf unbekannt. Foto-Historama, Leverkusen.

Gestatten Sie mir hinzuzufügen, daß, wenn Sie sich die Mühe machen wollten, die Bestimmungen der zwischen mir und der französischen Regierung getroffenen Übereinkunft aufmerksam zu lesen, Sie sehen werden, daß das Verfahren nicht der zivilisierten Welt verkauft worden ist, sondern der Regierung von Frankreich zu Nutz und Frommen meiner Landsleute . . . Daguerre.“
Der erste Lizenznehmer in England war Antoine Claudet, gebürtig aus Lyon in Frankreich, der zusammen mit George Houghton in London 1834 ein Geschäft für Glaswaren gegründet hatte. „Unmittelbar nach Daguerres Erfindung“, so erinnerte er sich, „reiste ich nach Paris, kam mit ihm zusammen und kaufte von ihm die erste Lizenz, sein Verfahren unter dem englischen Patent, das er erworben hatte, auszuüben. Bei der Rückkehr brachte ich alle Musterbilder mit, die ich erhalten konnte; sie waren von seinen Schülern gemacht worden, denn Daguerre hielt einmal in der Woche einen Kursus am *Conservatoire des Arts et Métiers* ab, wo er den Lernwilligen alle Informationen gab, die sie brauchten, um das Verfahren zu meistern. Zu den abendlichen Sitzungen der *Royal Society* sandte ich besonders gute Exemplare, nachdem ich erst einmal eine Kollektion der Königin vorgelegt hatte, welche die besten davon behielt.“ Claudet war es auch, der 1844 jenes Porträt von Talbot, auf S. 18 abgebildet, als Daguerreotypie schuf.

Grosses phototypisches Institut
für
Daguerreotypie
und
photographische Bilder auf Papier und Glas
von
Hermann Krone,
Photograph und akademischer Künstler.
Dresden,
Marienstrasse Nr. 30 parterre, vis-à-vis der Post.

Aufnahme im Glas-Salon von 8 bis 5 Uhr, unter Garantie für gute Bilder selbst an den dunkelsten Regentagen. — Portraits in beliebiger Grösse von 1⅔ Thlr. an.

Einen Einblick in die Alltagsroutine eines Daguerreotypisten gewährt der Text dieses Etiketts (1851). Es findet sich auf der Rückseite eines Bildes aus der Werkstatt des bedeutenden Hermann Krone (1827–1916). Krone hat 70 Jahre lang als Praktiker und Wissenschaftler an den Fortschritten der Fotografie mitgearbeitet. 1895 wurde er zum Professor an der Königlichen Technischen Hochschule zu Dresden, 1907 zum Dr. h. c. ernannt. Deutsches Museum, München.

Kürzere Belichtungszeit

Der zweite Lizenznehmer war Richard Beard, ein Kohlenhändler, der mit Patenten spekulierte; er hatte aus Amerika eine grundlegend neue Kamera importiert, nämlich die patentierte Erfindung von Alexander S. Wolcott und John Johnson. Bei dieser Kamera war die Linse durch einen konkaven Spiegel ersetzt worden; die Platte wurde in seinen Brennpunkt gebracht und konnte infolgedessen nur klein sein. Die Kamera ermöglichte ein helleres Bild als die von Daguerre, und mit ihrer Hilfe war es Wolcott und Johnson möglich, fotografische Porträts im Herbst 1839 herzustellen. Zu Beginn des Jahres 1840 eröffneten sie das erste fotografische Porträt-Atelier in New York. Um noch mehr Leuchtkraft zu erzielen, lenkten sie das Licht der Sonne mit Hilfe zweier Spiegel ins Studio. Eine Batterie von Glasflaschen, gefüllt mit Kupfersulfat, nahm die Stelle der blauen Glasscheiben ein, die Arago empfohlen hatte. Er hatte nämlich in seinem Vortrag über die Daguerreotypie bemerkt, die Platte sei so blauempfindlich, daß die Zwischenschaltung einer blauen Glasscheibe „zwischen der zu porträtierenden Person und der Sonne ein fotogenisches Bild genauso rasch ergibt, als ob keine Glasscheibe da wäre – da dann aber die Beleuchtung sehr weich ist, ergeben sich nicht mehr jene Grimassen und jenes allzu häufige Augenzwinkern wie ohne Scheibe“.
Beard meinte, die amerikanische Kamera sei so verschieden von der Daguerres, daß er sie ohne eine Lizenz benutzen könnte. Aber als Daguerres Agent mit einem Verfahren drohte, kam man zur Übereinkunft; Beard zahlte einhundertfünfzig Pfund jährlich für das Recht, Daguerreotypien anzufertigen. In London wurde ein Atelier errichtet mit riesigen Spiegeln außerhalb der Fenster, und eine regelmäßige Porträt-Aufnahmetätigkeit fand statt. Ein Berichterstatter des *Morning Chronicle* besuchte das Studio im September: „Die Zeit, die man für eine Porträtsitzung benötigt, ist so reduziert worden, daß je nach den Umständen der Beleuchtungsstärke usw. ein Konterfei in einer Zeit gemacht werden kann, die zwischen einer und vier Minuten schwankt. Ebenso ist dic Qual, während der Aufnahme den direkten Sonnenstrahlen ausgesetzt zu sein, stark gemindert, denn das Licht wird, da es durch gefärbtes Glas fällt, so abgewandelt, daß selbst eine Person mit empfindlichen Augen es ohne Beeinträchtigung ertragen kann.“ Porträts waren, wenn auch nunmehr möglich, doch immer noch recht schwierig bei Belichtungszeiten

von solcher Länge, und Beards Kameramann, John Frederick Goddard, begann mit Experimenten, welche die Empfindlichkeit der Daguerreotypie-Platte steigern sollten. Er fand heraus, daß die Belichtungszeiten wesentlich kürzer gehalten werden konnten, wenn er die Platte nach der Jodierung Bromdämpfen aussetzte.
Beards Konkurrent, Claudet, sah sich gezwungen, ähnliche Versuche anzustellen. Er beklagte sich: „Ich konnte die patentierte Spiegelkamera von Wolcott nicht benutzen, infolgedessen mußte ich das Beste aus dem machen, was mir Daguerres lichtschwache Linse erlaubte." Er stellte fest, daß Chlordämpfe der jodierten Platte eine höhere Empfindlichkeit verliehen. Ähnliche Versuche wurden in Amerika angestellt. Bald kam es dahin, daß die Verwendung von Brom und Chlor oder einer Kombination beider als „Beschleuniger" (oder, im Fachjargon, *quickstuff*) bei allen Daguerreotypisten zur Standardpraxis wurde. So war es dann bald möglich, daß Porträts regelmäßig mit der verhältnismäßig erträglichen Belichtungszeit von zwanzig bis vierzig Sekunden aufgenommen wurden.
Daguerre hatte keinen Anteil an diesen Verbesserungen seines Verfahrens. Obwohl der Vertrag mit der französischen Regierung klar festsetzte, daß er „verpflichtet war, alle Verbesserungen zu veröffentlichen", die er „von Zeit zu Zeit" etwa machte, so brachte er doch nichts zuwege, was praktischen Wert gehabt hätte.
Am 4. Januar 1841 gab Arago bekannt, Daguerre habe ein Verfahren für „Momentaufnahmen" erfunden, mit dessen Hilfe windgezauste Bäume, fließendes Wasser, sturmgepeitschte See oder bewegte Menschenmengen „in einer oder zwei Sekunden" fotografiert werden könnten. Als der Innenminister weitere Einzelheiten erbat, wich Daguerre aus. Er erklärte: „Ich habe Monsieur Arago lediglich deshalb gebeten, der *Académie* Mitteilung zu machen, damit das Datum etabliert ist. Denn obwohl das Prinzip dieser neuen Entdeckung gültig ist, sind die Einzelheiten noch nicht hinreichend ausgearbeitet, um mir die Bekanntgabe zu ermöglichen." Die Details des neuen Verfahrens wurden im Juni im *Compte rendu* der *Académie* veröffentlicht. Die Methode war unpraktisch, und Arago fühlte sich verpflichtet, sich bei seinen Kollegen zu entschuldigen.

Gedenkstein für Louis Jacques Mandé Daguerre in Bry-sur-Marne, dem Ort, wo er seine letzten Lebensjahre verbrachte. International Museum of Photography, Rochester.

Daguerre kündigte 1844 eine weitere Momentaufnahme-Technik an – aber auch diese erwies sich als unbrauchbar in der Anwendung.
Er lebte nun, nachdem er sich von aktiver Betätigung zurückgezogen hatte, in dem Dorf Bry-sur-Marne, etwa zehn Kilometer östlich von Paris. Er wandte sich wieder Palette und Pinsel zu und schuf 1842 ein Wandgemälde von zirka 4 × 6 m Größe hinter dem Altar der Pfarrkirche. Mit erstaunlicher Wirklichkeitstreue stellte es ein riesiges Kirchenschiff vor; die kleine Kirche war wie durch Zauberkraft in eine große Kathedrale verwandelt worden. Neun Jahre später, am 10. Juli 1851, starb er an einem Herzanfall.

Kapitel XIV

Das latente Bild

Ohne sich von der rasch zunehmenden Popularität der Daguerreotypie beeinflussen zu lassen, machte sich Talbot daran, seine Negativ-Positiv-Technik zu verbessern. Im Mai 1840 zeigte die *Graphic Society* einige seiner Fotografien aus jüngster Zeit in einer Londoner Ausstellung. Die Zeitungen waren voll enthusiastischen Lobs: „Die Wiedergabe von Gegenständen ist perfekt: Da sind verschiedene Ansichten von Lacock Abbey . . .; von Bäumen, verwitterten Mauern und Gebäuden mit landwirtschaftlichen Geräten, von Kutschen oder Tischen mit Frühstücksgedeck, von Büsten und Statuen – kurz von jederlei Sujet. Die Motivwelt reicht vom Porträt einer einzelnen Pflanze bis zur weiten Landschaft, von einem historischen Manuskript bis zu einer ehrwürdigen Abtei – alle wiedergegeben mit einer Naturtreue, die einfach staunenswert ist . . . Es befindet sich nichts in diesen Bildern, was nicht gleichermaßen genau wie malerisch ist." Talbot sandte einige Bilder an Herschel. „Ich bin Ihnen wirklich sehr verbunden für die Übersendung Ihrer sehr, sehr schönen Fotografien", schrieb Herschel. „Es ist ein richtiges Vergnügen, beobachten zu dürfen, wie die Kunst unter Ihren Händen auf solche Weise zunimmt. Hätte man Ihnen unvermittelt vor etwa einem Jahr diese Bilder gezeigt – wie wären Sie vor Freude in die Höhe gesprungen und hätten in die Hände geklatscht (das heißt, falls Sie jemals so etwas tun sollten)!"

Die Kalotypie

Nun begab es sich, daß Talbot wie durch Zufall auf die Technik stieß, welche sein Verfahren zur Basis aller fotografischen Systeme gemacht hat, die seit damals bis zum heutigen Tage Silbersalze verwendet haben. Die Rede ist von der Entwicklung des latenten Bildes.

Am 5. Februar 1841 sandte Talbot einen Brief an die *Literary Gazette,* in welchem er ein neues Verfahren bekanntgab, mit dessen Hilfe er gelungene Fotografien mit Belichtungszeiten bis zu acht Sekunden hinunter gemacht hatte. „Es ist nicht leicht, genau abzuschätzen, wie weit man diese Empfindlichkeitssteigerung ausdehnen kann. Sicher aber ist, daß nunmehr ein viel besseres Bild in einer Minute erzielt werden kann als beim früheren Verfahren in einer Stunde . . . Ich schlage vor, daß diese neue Art von Fotografien, um die es sich in diesem Brief handelt, durch die Wahl des Namens *Calotype* ausgezeichnet werden." Das Wort war abgeleitet von den griechischen Worten kalos (schön) und typos (Druck). Weitere Einzelheiten gab er in einem Brief, der vom 19. Februar datiert ist: „Eines Tages im September letzten Jahres hatte ich mehrere Blätter lichtempfindlichen Papiers, die auf verschiedenartige Weise präpariert waren, in der Camera obscura versucht. Ich ließ sie nur eine sehr kurze Zeit in der Kamera, denn ich wollte herausfinden, welches dieser Papiere die größte Lichtempfindlichkeit hätte. Eins der Blätter wurde herausgenommen und bei Kerzenlicht betrachtet. Es war so gut wie nichts darauf zu sehen, und ich ließ es auf einem Tisch in der Dunkelkammer liegen. Bei der Rückkehr nach geraumer Zeit nahm ich das Papier wieder in die Hand und war sehr überrascht, daß ein deutliches Bild auf ihm sichtbar war. Ich war völlig sicher, daß sich nichts dieser Art präsentiert hatte, als ich das Blatt beim erstenmal betrachtet hatte. Wenn man also ein Wunder ausschließt, konnte infolgedessen die einzige Schlußfolgerung sein, daß das Bild sich unerwarteterweise in einem Spontanvorgang gewissermaßen selbst entwickelt hatte.

Glücklicherweise erinnerte ich mich genau der besonderen Art, in der dieses Blatt Papier präpariert worden war, und konnte infolgedessen das Experiment sofort wiederholen. Wie schon zuvor zeigte das Papier bei der Herausnahme aus der Kamera kaum irgendwelche sichtbaren Spuren; diesmal aber habe ich es unablässig beobachtet, und zwar bei Kerzenlicht. Bald hatte ich die Genugtuung, ein Bild erscheinen zu sehen – und dann alle Einzelheiten – eine nach der anderen. Im weiten Bereich der Wissenschaft kenne ich nur wenige Dinge, die einen mehr überraschen können, als das allmähliche Erscheinen des Bildes auf einem leeren Blatt, insbesondere wenn man zum erstenmal Zeuge dieser Erscheinung wird."

Talbots Patent

Talbot patentierte sein Kalotypie-Verfahren in England, Frankreich und Amerika. Später wurde diese seine Aktion, die man als ein Hindernis für den Fortschritt der Kunst und der Wissenschaft der Fotografie betrachtete, herb kritisiert. Doch er hatte das nicht leichten Herzens unternommen. Als er 1839 sein erstes Verfahren des „fotogenischen Zeichnens“ der *Royal Society* frei und ohne Einschränkungen offenbarte, geschah dies gegen den Rat seines Freundes Sir David Brewster, der ihm dringend nahegelegt hatte, seine Erfindung durch ein Patent zu schützen. Damals war Talbot nicht an den kommerziellen Aspekten interessiert. Er veröffentlichte seine Versuche im wahren Geist wissenschaftlicher Forschung.

Aber 1841 war die Situation ganz anders: Daguerre hatte sein konkurrierendes Verfahren in England durch ein eifersüchtig gewahrtes Patent geschützt. Daß allein England nicht teilhaben sollte an der Erfindung, welche die französische Regierung „frei der ganzen Welt übergeben“ wollte („*en doter libéralement le monde entier*“), erschien geradezu wie ein Racheakt. Warum, wenn nicht um Talbots willen, hatte Daguerre England ausgenommen? Sowohl Daguerre als auch Isidore Niépce waren von ihrem Land für ihre Erfindung gut entschädigt worden; Talbot hingegen finanzierte seine Arbeiten aus der eigenen Tasche. Daguerres Lizenznehmer in England machten bereits Profit; einer von ihnen, Richard Beard, hatte sich bereits ein Patent für die Spiegellinsen-Kamera von Wolcott und Johnson gesichert. Talbot hatte, wenn er wenigstens die Auslagen für seine langen

Ein Kalotypie-Negativ Talbots von 1845 und das danach gewonnene Positiv. The Science Museum, London.

Jahre der Forschung wieder hereinbekommen wollte, keine andere Wahl als den Schutz durch ein Patent.
Patente waren ihm nichts Fremdes; er hatte bereits eines erhalten, und zwar für eine Verbrennungsmaschine, die betrieben wurde mit Hilfe der elektrolytischen Zersetzung von Wasser in Wasserstoff und Sauerstoff. Die Gase wurden entzündet; die Explosion bewegte einen Kolben in einem Zylinder.

Talbot fragte Herschel um Rat. Sein Freund erwiderte: „Sie haben völlig recht, die Kalotypie patentieren zu lassen. Angesichts der großzügigen Auslegung, mit der Sie Ihr Patentrecht ausüben wollen, kann sich niemand beschweren. Und ich muß sagen, daß ich niemals von einem aussichtsreicheren Gegenstand für ein lohnendes Patent gehört habe; ich würde mich herzlich freuen, wenn Sie daran Freude hätten."

Nach britischem Patentrecht genügte eine vorläufige Verfahrensbeschreibung, die einen Anspruch etablierte; der Erfinder war dann bereits geschützt. Innerhalb von sechs Monaten mußte er dann „eine detaillierte Beschreibung des Charakters besagter Erfindung geben und ebenso sagen, auf welche Weise dieselbe durchzuführen ist". Dann wurde das Patent registriert. Talbot beantragte das Patent am 8. Februar 1841. Mit diesem Schutz im Rücken beschrieb er die neue Technik in allen Einzelheiten am 10. Juni vor den Mitgliedern der *Royal Society.* Diese Mitteilung wurde in den *Proceedings* der Gesellschaft abgedruckt, außerdem in einer privaten Broschüre Talbots. Die fast identische Patentbeschreibung wurde am 19. Juli eingereicht.

Zunächst präparierte er eine gewisse Menge dessen, was er *iodised paper* (jodiertes Papier) nannte. Er überzog

Rechts: Das Positivbild eines im Direktkontakt gewonnenen Spitzenmusters gehört zu den 22 Bildern eines Albums, das Talbot 1844 an Alexander von Humboldt sandte (siehe folgende Seite). Foto-Historama, Leverkusen.

Unten: Ein Objektiv und eine Kamera, die Talbot zwischen 1841 und 1845 für Kalotypie-Arbeiten benutzte. Sie wurden von Alexis Gaudin, Paris, entworfen und von N. P. Lerebours gebaut. Beim linken Modell, das in ein Holzgehäuse eingebaut wurde, erfolgte die Einstellung durch Zahntrieb, beim rechten durch Ausziehen des Rückteils. Beide hatten rotierende Lochblenden. Aufn. Uwe Breker. The Science Museum, London.

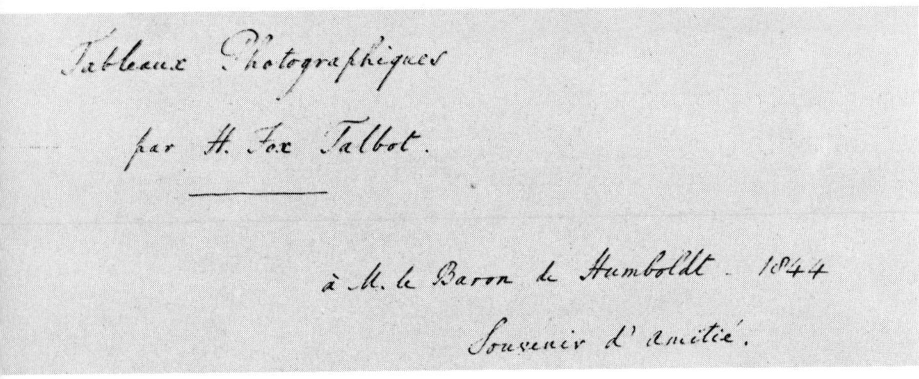

Von Talbots eigener Hand beschriftet – zum überwiegenden Teil in Französisch, das er vollkommen beherrschte – ist ein Album mit 22 Bildern, das Talbot 1844 an Alexander von Humboldt sandte. Sicherlich, um jene Verstimmung endgültig auszuräumen, die bei Humboldt 1839 angesichts der Talbotschen Erfinderansprüche entstanden war (siehe S. 28). Das aus der Sammlung Stenger stammende Album ist heute Teil des Foto-Historama der Agfa-Gevaert, Leverkusen. – Oben: Die Südfront von Lacock Abbey. Rechts: Ein Pariser Boulevard.

die eine Seite eines „Blatts des besten Schreibpapiers" mit einer schwachen Lösung von Silbernitrat, trocknete es und tauchte es dann in eine Lösung von Kaliumjodid. Weil das so entstandene Silberjodid einen Überschuß an Halogeniden aufwies, hatte das Papier eine verhältnismäßig geringe Lichtempfindlichkeit. „Es kann beliebig lange aufbewahrt werden", sagte Talbot, „ohne daß es verdirbt oder einer Änderung unterliegt, sofern man es nur vor Licht schützt. Dieses ist die erste Etappe der Herstellung von Kalotypie-Papier; sie kann zu beliebiger Zeit vollzogen werden. Der Rest wird am besten erst kurz vor Benutzung des Papiers durchgeführt.

Wenn diese Zeit gekommen ist, so nehmen Sie ein Blatt des jodierten Papiers und baden es in einer Flüssigkeit, die auf die folgende Weise angesetzt wird: Man löse 100 grains [ca. 6,5 g] kristallisierten Silbernitrats in zwei Unzen [knapp 60 ml] destillierten Wassers; zu dieser Lösung gebe man ein Sechstel ihres Volumens an starker

Essigsäure. Diese Mischung sei hier A genannt. Darauf stelle man eine gesättigte Lösung aus kristallisierter Gallussäure in kaltem destilliertem Wasser her. Die aufzulösende Menge ist sehr klein. Diese Lösung nennen wir B.

Wenn ein Blatt des präparierten Papiers zur Benutzung vorbereitet werden soll, so mische man die Flüssigkeiten A und B in gleichen Mengen, aber jeweils nur eine kleine Quantität, denn die Mischung hält sich nicht lange. Ich nenne sie *gallo-nitrate of silver.* Dann nimmt man ein Blatt des jodierten Papiers und bestreicht es mit diesem Silber-Gallonitrat, und zwar mit einer weichen Bürste unter sorgfältiger Beachtung der Seite, die vorher markiert worden ist. Diese Maßnahme wird bei Kerzenlicht durchgeführt. Man läßt das Papier für eine halbe Minute in Ruhe und taucht es dann in Wasser. Sodann trocknet man es leicht mit Löschpapier ab und zum Schluß vorsichtig in der Wärme des Kamins, allerdings in einiger Entfernung von diesem. Wenn das Papier trokken ist, kann es benutzt werden."

Talbot bemerkte, daß das Kalotypie-Papier „eine außerordentlich hohe Lichtempfindlichkeit besitzt, welche die eines jeglichen bisher beschriebenen Fotopapiers um das Hundertfache oder mehr übersteigt".

Eine Belichtung brachte kein sichtbares Bild hervor. „Der vom Licht hervorgerufene Eindruck ist latent, also nicht sichtbar, und sein Vorhandensein würde von niemandem vermutet werden, sofern er es nicht aus früherer Erfahrung besser wüßte.

Die Methode, das vom Licht verursachte Bild sichtbar zu machen, ist äußerst einfach. Sie besteht darin, daß man das Papier wiederum in Silber-Gallonitrat badet (das man wie vorher beschrieben bereitet hat) und es dann in der Wärme langsam trocknet. In einigen Sekunden beginnt jener Teil des Papiers, auf dem sich das Licht ausgewirkt hat, dunkel zu werden und wird schließlich völlig schwarz, während der andere Teil des Papiers weiß bleibt . . . Es ist ein höchst denkwürdiges und schönes Phänomen, den spontanen Beginn der Bildentstehung zu beobachten; zuerst formen sich die kräftigeren Teile der Zeichnung, und dann erscheinen allmählich all die zahlreichen und komplizierten Einzelheiten. Der Künstler sollte das Bild während der ganzen Entwicklungszeit beobachten; wenn es nach seiner Beurteilung den größten Grad von Kraft und Klarheit erreicht hat, muß er eine Weiterentwicklung stoppen, indem er es in der Fixierflüssigkeit badet."

Talbot benutzte Kaliumbromid zum Fixieren. In einem späteren Patent von 1843 hingegen gab er Natriumthiosulfat an: „Ich erweitere den Patentanspruch auf den

Links: Das Positiv-Fotogramm einer Pflanze stammt aus Talbots „Humboldt-Album" (siehe vorangehende Seiten). Es findet sich auch als eine der Abbildungen im Buch „Pencil of Nature" (siehe S. 102). Foto-Historama, Leverkusen.

Von der Kalotypie „Die Schachspieler" sind mehrere Versionen erhalten. Links im Bild ist Antoine Claudet, Talbots Londoner Lizenznehmer (s. S. 105). Es wird angenommen, daß Talbot selbst dieses Bild aufnahm. The Science Museum, London.

Gebrauch heißer oder kochender Lösungen der Hyposulfite, um die Weißen der Kalotypie heller erscheinen zu lassen und das Bild gleichzeitig haltbarer zu machen . . ."

Physikalische und chemische Entwicklung

Der bedeutungsvollste Teil von Talbots Patent bezog sich auf die Technik, das latente Bild sichtbar werden zu lassen, das heißt, die exponierten Silberhalogenid-Körner – und nur sie – in Silber zu verwandeln.
Im Auskopierverfahren (ältere Fotografen kennen noch das früher dafür verwendete sogenannte Celloidinpapier) wird das metallische Silber, welches das Bild formt, lediglich durch die Einwirkung des Lichtes auf die Silberhalogenide gebildet. Beim Entwicklungsverfahren hingegen werden nur extrem kleine Mengen der Silberhalogenid-Körner zu Silber reduziert. Die Silberkeime, die dabei gebildet werden, sind so klein, daß das Auge sie nicht wahrnimmt. Talbot wußte auch nichts von ihrem Vorhandensein, das erst in jüngerer Zeit mit Hilfe starker Elektronenmikroskope bewiesen wurde. Talbots Silber-Gallonitrat enthält Silber-Ionen, die an der Oberfläche der Silberkörnchen durch die Einwirkung der Gallussäure zu Silber reduziert werden. Das Silber der Körnchen wirkt als Katalysator für diesen Vorgang. Das Silber-Gallonitrat wird durch die Auflösung des Silberhalogenids der Körner mit Silber-Ionen angereichert. Der Essigsäure fällt dabei die Aufgabe zu, die Reaktion zum Stillstand zu bringen; ohne diese Maßnahme würden auch die unbelichteten Silberhalogenidkörner zu Silber reduziert.
Diese Methode, das latente Bild sichtbar werden zu lassen, nennt man physikalische Entwicklung. Sie ist nicht abhängig von dem Halogenid-Anteil der Silberhalogenid-Körner; die Halogenide können sogar entfernt werden, indem man vor der Entwicklung mit Natriumthiosulfat fixiert. Die physikalische Entwicklung wurde 1862 durch die chemische Entwicklung abgelöst. Die Entwicklungssubstanz ist dabei in alkalischer Lösung; Silber ist nicht vorhanden. Die exponierten Silberhalogenid-Körner werden zu metallischem Silber reduziert.
Talbot spielte keine direkte Rolle bei der Entdeckung dieses späteren Verfahrens, das latente Bild zu entwickeln, das mit der Einführung der Gelatine-Bromsilberemulsionen dann allgemein ausgeübt wurde. Er war hingegen der erste, der ein fotografisches System entwickelte, in welchem Silber aus Silberhalogeniden durch die kombinierte Einwirkung von Licht und Entwicklung entsteht. Bei Daguerres Verfahren wurde Silber durch Lichteinwirkung allein hergestellt. Das Bild war nicht sichtbar – und zwar wegen der Art der Oberfläche, die ja selbst Silber war; dieses latente Bild konnte erst gesehen werden, wenn das Silber durch die Einwirkung des Quecksilbers in ein Amalgam verwandelt worden war. Das Prinzip des Daguerreotypie-Verfahrens war schon bald nach Daguerres Tod überholt.
Talbots Methode, das latente Bild zu entwickeln, bildet bis zum heutigen Tag die Grundlage aller fotografischen Systeme, die mit Silberhalogenid arbeiten.

Kapitel XV

„Der Zeichenstift der Natur“

Mit der Vervollkommnung in Form des Kalotypie-Verfahrens wurde Talbots Negativ-Positiv-Methode eine starke Konkurrenz für die Daguerreotypie. Sein Verfahren bot verschiedene Vorteile gegenüber Daguerres Direktpositiv-Prozeß. Die Materialien waren billiger, die Apparaturen weit weniger umständlich, und die Verarbeitung war viel einfacher. Anstelle der teuren versilberten Kupferplatten, die von Silberschmieden mit der Hand gefertigt und mit ihren Prägestempeln versehen wurden, konnte jedes Zeichenpapier von guter Qualität benutzt werden. Statt umfangreicher Sensibilisierungskästen und Quecksilberbäder wurden nun lediglich ein paar Mensuren, eine Waage, ein Satz Schalen und ein Kopierrahmen benötigt. Anstatt die Platte mühsam zu polieren, sie gesundheitsschädlichen Gasen von Jod, Brom und Chlor auszusetzen und sie mit dem giftigen Quecksilber zu entwickeln, wurde das Papier nunmehr einfach in einige verhältnismäßig harmlose Lösungen nacheinander getaucht.
Der größte Vorteil von Talbots Erfindung bestand darin, daß vom einzelnen Negativ eine beliebig große Anzahl identischer Kopien gemacht werden konnte. Die Fotografien konnten als einzelne Blätter, etwa wie Radierungen, an die Öffentlichkeit gebracht werden – oder eingeklebt in die Seiten von Büchern, um als Illustrationen zu dienen.

Talbots Buch

Talbot selbst produzierte das erste dieser fotografisch illustrierten Bücher: *The Pencil of Nature* (siehe Abbildungen der folgenden Seiten). Er beschrieb dieses Vorhaben in einem Prospekt vom Juni 1844:

„Beim Publikum ist die Daguerreotypie heutzutage gut bekannt, weil sie in hohem Maße für die Porträtierung benutzt worden ist, wohingegen die englische Kunst (genannt Photogenic Drawing *oder* Calotype*) bisher hauptsächlich in privaten Zirkeln verbreitet, also wesentlich weniger bekannt geworden ist.*
Deshalb ist die Idee aufgetaucht, daß eine Sammlung echter Beispiele dieser Kunst in ihren verschiedenen Anwendungen einem großen Kreis von Menschen notwendigerweise interessant sein müßte – nämlich jener, welche bisher keine Gelegenheit hatten, gut ausgeführte Musterbilder zu sehen. Es ist hervorzuheben, daß die Tafeln dieses Werkes, das nunmehr dem Publikum angeboten wird, tatsächlich jene Bilder sind, die durch die Einwirkung des Lichtes erhalten wurden, und nicht etwa Radierungen, welche dieselben nachahmen . . .
Es ist vorgesehen, das Werk in zehn oder zwölf monatlichen Teilen zu veröffentlichen, im Format Großquart zum Preis von je zwölf Schilling, wobei jeder Teil fünf Tafeln mit gedruckten Erläuterungen enthalten wird.“
Sechs Folgen, welche insgesamt vierundzwanzig Abbildungstafeln enthielten, wurden tatsächlich zwischen Juni 1844 und April 1846 vom Verlag Longman, Brown, Green, and Longmans, London, publiziert. Die Fotografien, die auf die leeren Seiten des Buches aufgeklebt wurden, waren in einem Laboratorium kopiert worden, das Talbot in Reading unter der Leitung von Nicolaas Henneman eingerichtet hatte; dieser war früher Diener in Lacock Abbey und Talbots Assistent bei seinen fotografischen Forschungen gewesen. Das *Reading Talbotype Establishment*, wie es genannt wurde, war die erste Groß-Kopieranstalt der Welt: Zwischen dem 15. April und dem 25. Mai 1844 wurden tausend Abzüge – je zweihundert von fünf Negativen – für die erste Ausgabe des Buches *The Pencil of Nature* dort hergestellt. Die Abzüge wurden sämtlich angefertigt auf einem Auskopier-Chlorsilberpapier, ähnlich Talbots Papier von 1839, das er für seine fotogenischen Zeichnungen verwendete – außer daß Ammoniak der Silbernitrat-Lösung hinzugefügt worden war. Sie wurden bei Sonnenbeleuchtung auf Gestellen belichtet, die man im rückwärtigen Garten des *Reading Talbotype Establishment* errichtet hatte (s. Abb. S. 104/105). Das Kopieren war mühsam, denn die Belichtungszeiten variierten je nach der Intensität des Sonnenlichts, und zwar von einigen Minuten bis zu einer Stunde. Die exponierten Abzüge wurden in heißem Natriumthiosulfat-Bad fixiert.
Als Motive wählte Talbot für *The Pencil of Nature* solche aus, die geeignet waren, die Möglichkeiten seiner Erfin-

The Pencil of Nature,

BY

H. FOX TALBOT, Esq., F.R.S.

&c. &c. &c.

JUVAT IRE JUGIS QUA NULLA PRIORUM
CASTALIAM MOLLI DEVERTITUR ORBITA CLIVO.

LONDON:

LONGMAN, BROWN, GREEN, & LONGMANS,
PATERNOSTER ROW.

1844.

„The Pencil of Nature" ist der beziehungsreiche Titel, den Talbot einem Buchwerk (links: Titelseite) gab. Es ist der Urahn aller fotografischen Bildbände: In der Zeit zwischen Juni 1844 und April 1846 kamen sechs broschierte Lieferungen heraus, die insgesamt 24 Kalotypien mit erläuterndem Text boten. Von dem Gesamtwerk sind heute nur noch wenige Exemplare vorhanden.

Rechts: „Die offene Tür" – eine Illustration aus „The Pencil of Nature". Foto-Historama, Leverkusen.

Unten: Talbot hielt es für richtig, den Leser in einer Notiz zu informieren: „Die Abbildungen des vorliegenden Werks wurden allein durch die Wirkung des Lichts hervorgerufen – ohne jegliche Mithilfe durch den Zeichenstift des Künstlers . . ."

dung zu illustrieren: für die exakte Aufzeichnung von Architekturen und Skulpturen mit allen Details; für die Vervielfältigung von Druckseiten; für die Vergrößerung oder Verkleinerung von Zeichnungen und Gemälden; für die Bewahrung von Akten durch Duplizierung; für Kontaktdrucke von botanischen Sammelstücken; für die bildliche Inventarisierung von Kunstwerken oder der Bücher einer Bibliothek. In seinem Text prophezeite er auch, daß Fotografie durch unsichtbare Strahlen möglich sein würde:

„Wenn ein Strahl Sonnenlicht durch ein Prisma gebrochen und auf einem Schirm aufgefangen wird, so formt sich dort das schöne farbige Band, das man unter dem Namen ‚Sonnenspektrum' kennt. Experimentatoren haben herausgefunden, daß, wenn dieses Spektrum auf ein Blatt sensibilisierten Papiers geworfen wird, sein violettes Ende die Hauptwirkung erzielt. Wahrhaft bemerkenswert aber ist dabei die Tatsache, daß ein ähnlicher Effekt durch bestimmte unsichtbare Strahlen hervorgerufen wird, die jenseits von Violett und jenseits der Grenzen des Spektrums überhaupt liegen und deren Existenz sich uns lediglich durch diese Wirkung, die sie ausüben, offenbart.

Notice to the Reader.

The plates of the present work are impressed by the agency of Light alone, without any aid whatever from the artist's pencil. They are the sun-pictures themselves, and not, as some persons have imagined, engravings in imitation.

Nun stelle ich mir vor, daß man diese unsichtbaren Strahlen von den übrigen trennen könnte, indem man sie durch eine Öffnung in einer Mauer oder einem Wandschirm in ein angrenzendes Zimmer fallen läßt. Dieses Zimmer würde also mit unsichtbaren Strahlen gefüllt werden (‚erleuchtet' könnte man nicht sagen), die man nach allen Richtungen zerstreuen könnte, und zwar durch eine konvexe Linse, die man hinter der Öffnung anbringt. Wenn man sich nun eine Anzahl von Menschen in diesem Raum vorstellt, so könnte keiner den anderen sehen – nichtsdestoweniger aber würde eine Kamera, gerichtet auf eine der Personen, deren Porträt aufnehmen und zeigen, was diese Person gerade tut.
Um ein Bild anzuwenden, das wir bereits gebraucht haben: Das Auge der Kamera würde dort noch deutlich sehen, wo das menschliche Auge nichts als Dunkelheit fände.
Leider ist eine solche Spekulation um einiges zu raffiniert, als daß sie mit Überzeugungskraft in einem modernen Roman verarbeitet werden könnte. Denn was für Enthüllungen würden sich ergeben, wenn wir uns vorstellten, daß die Geheimnisse verdunkelter Zimmer durch das Zeugnis bedruckten Papiers offenbart werden könnten . . ."
Im Jahr 1845 brachte Talbot ein zweites Buch mit Kalotypie-Illustrationen heraus: *Sun Pictures in Scotland*, mit dreiundzwanzig Bildtafeln. Etwa einhundertachtzehn Exemplare wurden verkauft – das entspricht einer Produktion in der Kopieranstalt von 2714 Fotografien. Die Bilder stellten „Szenen, die mit dem Leben und den Romanen von Sir Walter Scott zu tun haben" dar. Das Buch enthielt keinen Text. In ihm findet sich die links unten wiedergegebene Notiz, die versichert, bei der Bildentstehung sei ein Künstlergriffel nicht beteiligt.

Eine „Großkopieranstalt" war notwendig, um die Tausende von Kalotypien anzufertigen, welche als Originalfotografien zur Illustration von Talbots Werk „The Pencil of Nature" und des weiteren Bildbandes „Sun Pictures in Scotland" dienten. Talbot richtete dafür in Reading nahe London unter Leitung seines früheren Dieners Nicolaas Henneman das „Reading Talbotype Establishment" ein. Die beiden Bilder zeigen (v. l. n. r.) Reproduktions-, Porträtierungs- und Kopierarbeiten sowie die Aufnahme einer Plastikgruppe. In dem Mann an der Porträtkamera vermutet man Talbot selbst. Courtesy Harold White.

Anwendungen der Kalotypie

In Schottland wurde das Kalotypie-Verfahren begeistert aufgenommen. Kaum hatte Sir David Brewster von seinem Freund die genauen Anleitungen erhalten, begann er auch schon seine Experimente. Auch redete er einem jungen Bekannten, Robert Adamson, zu, er solle ein Atelier in Edinburgh eröffnen.

Als der Maler David Octavius Hill sich entschlossen hatte, ein Porträt-Tableau aller 450 Delegierten zur ersten Synode der *Free Protesting Church of Scotland* zu malen, gab ihm Brewster den Rat, er solle die Abzubildenden fotografieren. „Ich verabredete mich mit dem

Künstler", so schrieb Sir David an Talbot, „zeigte ihm Ihre Kalotypien und erzählte ihm von den riesigen Vorteilen, die er hätte, wenn er Bildnisse aller führenden Persönlichkeiten gewonnen hätte, bevor sie sich wieder zur Heimreise in alle Richtungen verstreuten. Er war erst ziemlich ungläubig, besuchte dann aber Mr. Adamson und traf mit ihm die vorbereitenden Vereinbarungen, um alle notwendigen Porträts herzustellen. Der Erfolg übertraf ihre kühnsten Erwartungen. Sie haben zunächst einmal Gruppen – je 25 Personen in einem Bild – aufgenommen, und zwar in jenen Stellungen, die der Maler wünschte. Weiterhin sind große Bilder von jedem einzelnen gemacht worden, die dem Maler bei der Vollendung seines Gemäldes dienen sollen. Mr. D. O. Hill, der Maler, ist drauf und dran, eine Teilhaberschaft mit Mr. Adamson einzugehen; er schlägt vor, die Kalotypie auch für viele andere Zwecke zu verwenden . . . Ich meine, Sie werden finden, daß wir hier in Schottland den Wert Ihrer Erfindung zu würdigen wissen – nicht gerade eher als Sie selbst, doch eher als jene, die Sie zur Benutzung ermächtigt haben . . . Wir betrachten die Daguerreotypie als wesentlich unterlegen, wenn es um praktische Zwecke geht, so schön und so scharf die Bilder auch sein mögen."

Trotz der Erfolge, die das Hill-Adamson-Atelier hatte (s. Abbildungen a. d. S. 106/107), wurde die Kalotypie nur wenig für Bildnisse benutzt. Es gelang Talbot, Daguerres Lizenznehmer Antoine Claudet zum Gebrauch der Kalotypie in seinem Londoner Atelier zu überreden, und eine Zeitlang bot Claudet dem Publikum sowohl Kalotypien als auch Daguerreotypien an. Seine Kunden bevorzugten die Daguerreotypie. Ein Miniaturmaler, Henry Collen, war erfolgreicher – hauptsächlich deshalb, weil er ein besonderes künstlerisches Geschick hatte, die Abzüge zu retuschieren. Talbot eröffnete 1847 ein eigenes Porträt-Atelier in London, das von Henneman und Thomas Augustine Malone betrieben wurde – es brachte keinen finanziellen Erfolg. Die Zeitschrift *The Art Union* schrieb, die Porträts, die sie gesehen hätten, wären „außerordentlich schön, aber im ganzen doch den künstlerischen Fotos der Herren Hill und Adamson, welche diese in Edinburgh anfertigen, unterlegen . . ."

Die größten Erfolge erzielte das Verfahren der Kalotypie dort, wo es um die getreue Aufzeichnung von Architektur und Landschaft ging. Paradoxerweise erreichte es seinen Höhepunkt, sowohl nach Qualität wie Produktionsumfang, in Daguerres eigenem Land. Obwohl Talbot sich ein französisches Patent gesichert hatte, machte er offensichtlich keine Anstrengungen, es durchzusetzen. Ein ganzes Team von Fotografen machte sich in Frankreich daran, mit fotografischen Mitteln eine Bestandsaufnahme der großen Architektur- und Skulpturenzeugnisse des Mittelalters für die Regierung zu erstellen; einige der Papiernegative, die mit sehr großen Kameras aufgenommen wurden, erreichten das Riesen-

David Octavius Hill (1802–1870) und Robert Adamson (1821–1848) im schottischen Edinburgh haben in den kurzen Jahren ihrer Zusammenarbeit (1843–1848) ein Œuvre von etwa 2700 Kalotypien hinterlassen. Die Menschen jenes frühviktorianischen Zeitalters wurden – bei minutenlangen Belichtungen – mit einer Eindringlichkeit festgehalten, die heute noch den Betrachter unmittelbar anspricht. Die hier wiedergegebenen Bilder befinden sich in einem Album der Sammlung Stenger mit 100 Hill/Adamson-Bildern. Foto-Historama, Leverkusen.

Links: Picknick-Szene nahe dem Schloß Bonaly Tower des Lord Cockburn (bei Edinburgh).

Oben: Die von Hill/Adamson vielfach porträtierte Miss Elizabeth Rigby, spätere Lady Eastlake. Daneben: Der Rev. Thomas Henshaw Jones – einer jener Geistlichen, für deren Gruppengemälde Hill sich der Fotografie als Skizzenhilfe zuwandte.

format von ca. 50 × 75 cm. Man rüstete Expeditionen nach Ägypten, dem Mittleren Orient und Indien aus, um Kalotypien aufzunehmen. Eine „Großkopieranstalt" (*Imprimerie Photographique*) wurde, ähnlich dem *Talbotype Establishment* in Reading, in Lille von Louis Desiré Blanquart-Evrard begründet. Anders als Talbot machte er seine Abzüge auf Papier, das entwickelt werden mußte. Dieses Verfahren ermöglichte eine wesentliche Verkürzung der Herstellungszeit, denn die Belichtungen waren viel kürzer als bei der Verwendung von Auskopierpapier auf der Basis von Silberchlorid, auch „Salzpapier" genannt. Nun konnte man bis zu hundert Abzüge in der Stunde herstellen – bei Belichtungszeiten, die zwischen zwei und zwanzig Sekunden in Anspruch nahmen.

Verbesserungen des Kalotypie-Prozesses

Obwohl das Kalotypie-Verfahren die Massenherstellung von Abzügen ermöglichte, litt es unter einem Nachteil: Es fehlten den Bildern jene Brillanz und außerordentlich feine Zeichnung, welche die Daguerreotypie aufwies. Papier ist keine sehr günstige Unterlage für ein Negativ; seine Struktur bildet sich auf dem Positiv zusammen mit dem Silberbild ab. Talbot versuchte, diese unwillkommene Erscheinung zu korrigieren, indem er die Negative nach der Verarbeitung mit Wachs behandelte, um sie etwas transparenter zu machen. Es lag auf der Hand, daß Glas eine passendere Unterlage wäre. Herschel hatte das bereits 1839 erkannt, hatte jedoch seine Technik nicht weiter vervollkommnet.

Die erste erfolgreiche Lösung des Problemes gelang Claude Abel Niépce de Saint-Victor, dem Neffen von Nicéphore Niépce, der sie 1847 veröffentlichte. Er beschichtete eine Glasplatte mit Eiweiß und Kaliumjodid. Wenn die Platte trocken war, tauchte er sie in eine Silbernitrat-Lösung, wodurch sich lichtempfindliches Silberjodid bildete. Nach der Belichtung entwickelte er das latente Bild mit Gallussäure. Talbot entwickelte 1851 ein ähnliches Verfahren. Diese Albuminplatten,

Daguerreotypie wie Kalotypie verloren rasch ihre Bedeutung, nachdem Frederick Scott Archer 1851 sein „nasses Kollodiumverfahren“ veröffentlicht hatte, das bis zur Erfindung der „Trockenplatte“ (1871) das beherrschende Verfahren wurde. Es ermöglichte kürzere Belichtungszeiten, und es entstanden Positivabzüge, die nicht die Papierstruktur der Kalotypien zeigten.

Oben: Frederick Scott Archer (1813 bis 1857). Fotograf unbekannt. The Science Museum, London.

Links: Der Positiv-Abzug von einem der ersten Kollodium-Negative Archers zeigt Kenilworth Castle (1851). Royal Photographic Society, London.

wie man sie nannte, waren im allgemeinen für praktische Zwecke nicht empfindlich genug. Talbot benützte sie jedoch für ein aufsehenerregendes Experiment: Momentfotografie im Licht eines elektrischen Funkens. Er befestigte ein Exemplar der Zeitung *The Times* an einem Rad, das er in rasche Umdrehung versetzte, so daß die Zeitung nur noch als eine helle Verwischung erschien. Dann nahm er den Objektivdeckel von der Linse einer Kamera, die bereits auf das sich drehende Rad eingestellt worden war, und schloß einen Stromkreis. Auf diese Weise entstand eine helleuchtende Entladung. Als das Bild entwickelt war, konnte man die Titelschrift der Zeitung deutlich lesen. In prophetischer Voraussicht schrieb Talbot:
„Aus diesem Versuch ergibt sich der zwingende Schluß, daß es in unserer Macht liegt, Bilder auch von allen sich bewegenden Objekten zu erhalten, ganz gleich, wie schnell die Bewegung ist. Voraussetzung ist, daß wir in der Lage sind, sie mit einem aufleuchtenden elektrischen Blitz hinreichend zu beleuchten. Hier aber bedürfen wir der freundlichen Unterstützung durch Wissenschaftler, die möglicherweise mit Methoden vertraut sind, wie man stärkere elektrische Entladungen hervorbringen kann, als wir sie normalerweise kennen. Was not tut, das ist die Möglichkeit, ein ganzes Zimmer durch die Entladung einer Batterie kräftig auszuleuchten. Die fotografische Kunst wird dann den Rest erledigen, nämlich abbilden, was immer sich im Blickfeld der Kamera bewegt."
Talbot ließ sich diese Platten patentieren. Er bemerkte, daß sie als Positive erschienen, wenn man sie gegen einen dunklen Hintergrund betrachtete, und er nannte sie deshalb Amphitypien (von dem griechischen Wort *amphi*, von beiderlei Art). In seinem Bericht über diese Erfindung (veröffentlicht in *The Athenaeum*, 6. Dezember 1851) schrieb er: „Seit der Zeit, als ich diese Erscheinung zum erstenmal beobachtete, ist der Kollodiumprozeß bekannt geworden; er bringt Bilder hervor, die nahezu die gleiche Eigenart aufweisen. In einer wissenschaftlichen Klassifizierung fotografischer Verfahren sollten diese deshalb gemeinsam aufgeführt werden als Angehörige derselben Gattung."
Kollodium ist Nitrozellulose: Baumwolle wird in Salpetersäure, Alkohol und Äther aufgelöst. Es bildet sich eine zähe Flüssigkeit, die ungefähr die Konsistenz von Sirup hat. Wenn die Lösungsmittel verdampft sind, so bleibt ein Rest eines recht zähen, hautähnlichen Films übrig. Ein Engländer, Frederick Scott Archer (s. Abb. d. linken Seite), schlug im März 1851 vor, Kollodium als Mittel zu gebrauchen, mit dem man lichtempfindliche Silbersalze auf Glas haften lassen kann. Er fügte Kaliumjodid dem Kollodium zu, goß dieses auf einer Glasplatte aus und tauchte das Ganze, bevor die Schicht trocknen konnte, in eine Lösung von Silbernitrat. Auf diese Weise bildete sich Silberjodid in Suspension. Er belichtete die Platte, während sie noch naß war, und entwickelte sie dann sogleich mit Gallussäure oder Pyrogallussäure. Er fixierte sie mit Natriumthiosulfat, dann wurde sie gewässert und getrocknet. Um Glas zu sparen, zog er die Emulsion von der Platte ab und rollte sie auf einem Glasstab auf. Späterhin beließ man die Emulsion auf dem Glas.
Dieses „nasse Kolodiumverfahren" wurde allgemein begrüßt. „Überall warfen die Daguerreotypisten", so schrieb einer von ihnen, „die Geräte eines komplizierten und mühsamen Verfahrens hin: das Polierleder und das Polierrad, die Gefäße mit Jod, Brom und Quecksilber, die Entwicklungskästen und Vergoldungsgestelle – zugunsten des direkten und einfachen Verfahrens, das mit dem Kollodium gekommen ist . . ." Gegen 1854 gab es kaum mehr ein Porträtstudio in London, das nicht nach dem neuen Verfahren gearbeitet hätte – in Ablösung sowohl der Daguerreotypie als auch der Kalotypie.

Kapitel XVI

Eine universelle Technik

Rev. J. B. Reade (1801–1870) mit Naßplatten-Sensibilisierungsgerät (1856). Der Geistliche war Hauptzeuge im Patentprozeß Talbots gegen Laroche. The Science Museum, London.

Talbots Patent vor Gericht

Talbot betrachtete das Kollodiumverfahren als eine Verletzung seines Kalotypie-Patents. Obwohl er, was die Verwendung seiner Erfindung durch Amateure anging, auf alle Rechte verzichtet hatte (und zwar angesichts eines gemeinsamen Appells, den die Präsidenten der *Royal Academy* und der *Royal Society* an ihn gerichtet hatten), so verteidigte er doch nach wie vor mit Eifer seine Rechte hinsichtlich professioneller Benutzung. Durch seine Rechtsanwälte ließ er allen Porträtfotografen, welche nasse Kolodiumplatten benutzten, Strafverfolgung androhen. Einige kapitulierten; sie erwarben entweder Lizenzen von Talbot – oder sie gaben ihr Geschäft auf. Andere nahmen den Kampf auf. James Henderson, der in London zwei Ateliers besaß, gab nicht nach; er wurde vor Gericht zitiert. Talbot erreichte eine Verfügung gegen ihn, und zwar mit Hilfe schriftlicher Sachverständigenaussagen von Herschel und Brewster, die er beibrachte. Henderson wurde der weitere Gebrauch von Archers Erfindung untersagt. Talbots Rechtsanwälte veröffentlichten die folgende Mitteilung in der Zeitschrift *The Athenaeum:*

> *FOTOGRAFISCHE PORTRÄTS – Kollodiumverfahren – Warnung – Talbot gegen Henderson. Seine Gnaden Vizekanzler Wood hat am heutigen Tag eine Verfügung erlassen, die den Beschuldigten abhält, fotografische Porträts mit Hilfe des obigen Verfahrens ohne eine Lizenz seitens des Patentinhabers anzufertigen und zu verkaufen. Künstler und andere, die diesen Zweig der fotografischen Kunst auszuüben wünschen, werden aufgefordert, sich an uns zu wenden. Alle Verletzungen der Patentrechte werden Klageerhebung nach sich ziehen. Price & Bolton, 1, Lincoln's Inn, Newsquare, am 26. Mai des Jahres 1854.*

Um die gleiche Zeit wurde ein Verfahren eingeleitet gegen einen anderen Porträtfotografen, William Henry Sylvester Laroche, der in London unter dem Namen Martin Laroche ein Atelier betrieb. Er übernahm selbst seine Verteidigung und wandte sich an seine Berufskollegen um Hilfe. Talbot suchte nach Bundesgenossen für diesen Streitfall. Er schrieb an William Thomas Brande, den führenden Chemiker Englands, Verfasser des maßgebenden Lehrbuchs:

„Ich befinde mich zur Zeit in einem Rechtsstreit mit einer Person, die mein Patent, betreffend das fotografische Kalotypie-Verfahren, verletzt hat. Diese Erfindung habe ich dem Publikum vor zwei Jahren frei zur Verfügung gestellt, dabei aber einen Punkt vorbehalten. Da die Patentverletzer aber entschlossen sind, meine Rechte unbeachtet zu lassen, habe ich mich an die Justiz um Schutz gewandt ... Infolgedessen wäre ich sehr verbunden, wenn Sie sich freundlicherweise bereitfinden könnten, für mich eine wissenschaftliche Stellungnahme abzugeben. Dies insbesondere deshalb, weil mein Freund Herschel, dessen Stellungnahme von unschätzbarem Wert wäre, etwas dagegen hat, vor einem Gerichtshof zu erscheinen; deshalb beabsichtigen wir nicht, ihn zu bitten. Folgendes sind die Punkte, zu denen ich Ihre Stellungnahme erbitte: Erstens, daß es in der wissenschaftlichen Welt allgemein bekannt ist, daß die Erfindung mir zuzuschreiben ist (während die Gegenpartei bestreitet, daß ich der Erfinder war). Zweitens geht es um die chemische Ähnlichkeit des Verfahrens einerseits, das Kalotypie genannt wird, und andererseits desjenigen, das sich des Kollodiums bedient, wobei in beiden Fällen das Bild auf einer Oberfläche von Silberjodid entsteht, das mit Silbernitrat benetzt worden ist, und wobei die Entwicklung des fotografischen Bildes mit Gallussäure erfolgt. Die Gegenpartei beruft sich auf die Tatsache, daß ich von *Papier* gesprochen habe und daß Kollodium nicht Papier ist. Das gebe ich gern zu, betrachte aber diesen Punkt als sekundär, da das Kollodium lediglich als Träger des Silberjodids an die Stelle des Papiers getreten ist. Ich bin gern bereit, Ihnen eine Druckschrift über die Einzelheiten zuzusenden und in Ihrer Gegenwart ein jegliches fotografisches Experiment durchzuführen, das Sie möglicherweise als notwendig erachten, um sich eine hinreichende Meinung zu bilden. Allerdings zweifle ich nicht, daß Sie ohnehin vollkommen mit dem Thema in allen seinen Auswirkungen vertraut sind."

Brande erklärte sich bereit, eine Stellungnahme abzugeben, und Talbot sandte ihm die Patentbeschreibung und „Kopie einer schriftlichen Erklärung, die Sir D. Brewster abgegeben hat und die den Punkt, der zwischen mir und den Patentverletzern strittig ist, in klarer und verständlicher Form darstellt".

Der Prozeß

Der Fall wird wegen seiner symptomatischen Bedeutung hier eingehend dargestellt. Er kam – nach vielen Terminverschiebungen – am 18. Dezember 1854 zur Verhandlung. Talbots Rechtsanwälte präsentierten neun Experten; alle bezeugten, daß das Kalotypie- und das Kollodium-Verfahren auf den gleichen Prinzipien beruhen. Die Rechtsanwälte des Mr. Laroche argumentierten hingegen, daß das Patent Talbot von vornherein nicht zugestanden hätte und daß es, falls als gültig betrachtet, sich nicht auf das Kollodium-Verfahren erstrecke.

Ihr Hauptzeuge war der Reverend Mr. Reade, der in seiner Zeugenaussage angab, daß er schon im Jahre 1837

Talbot im Alter von 64 Jahren. Ausschnitt aus einer Visitkarten-Photographie, die John Moffat 1864 in Edinburgh aufnahm.

Gallussäure benutzt hätte, um lichtempfindliches Papier herzustellen, daß er nach solcher Technik entstandene Fotografien am 27. April 1839 bei einer Abendveranstaltung der *Royal Society* vorgestellt und daß er bei jener Veranstaltung seine Technik Talbot bekanntgegeben habe. Ins Kreuzverhör genommen, gab er an, daß er von der Idee der Entwicklung eines latenten Bildes „nicht die leiseste Ahnung" gehabt habe, „bis er darüber von Mr. Talbot gehört habe", und daß die einzigen Schriftstücke, in denen er sein Verfahren vor Talbots Patent beschrieben hatte, in einem Brief bestanden, den er an E. W. Brayley am 9. März 1839 geschrieben habe, und daß er eine ähnliche private Mitteilung seinem Bruder gemacht habe. Die Verteidigung argumentierte, daß die Analogie, die Talbot zwischen Kollodium und Papier als Unterlage für lichtempfindliches Silberjodid behauptet habe, nicht zutreffe.

Die Zeitschrift *Photographic Journal* berichtete: „Mr. Robert Hunt, ein Mitglied der *Royal Society* und vormals

Professor der Physik an der Staatlichen Bergwerksschule, sagte, daß er sich seit der allerersten Ankündigung von Daguerres Erfindung für Fotografie intensiv interessiert habe, und zwar sowohl für Daguerreotypie, Talbotypie und das Kollodiumverfahren. Wenn man den Kollodiumfilm ohne Jodid vom Glas abnehme und so behandle, wie Mr. Talbot sein jodiertes Papier behandelt, dann könne, daran habe er keine Zweifel, wenn es trocken sei, kein Bild darauf hervorgebracht werden. Im Kollodiumprozeß sei es erforderlich, daß das Jod hinzukäme, bevor sich der Film gebildet hat." Außerdem wies er darauf hin, „daß Pyrogallussäure zweifellos nicht das gleiche ist wie Gallussäure". Als ein anderer Zeuge gebeten worden war, den Unterschied zwischen diesen beiden Entwicklersubstanzen auch für den Laien verständlich zu machen, antwortete er: „Nach meiner Meinung verhalten sie sich zueinander wie Zucker und Essig." Der Lord Chief Justice Jervis sah sich verwirrt und vor Rätsel gestellt.

Er schickte seiner langatmigen und mit Wiederholungen gespickten Darlegung an das Gericht ein Geständnis voraus: „Ich will darangehen, so gut ich das in einigen wenigen Worten kann, zu erläutern, was ich für das Wesentliche dieser Erfindung halte. Ich muß gestehen, daß ich fürchte, ich habe es nicht verstanden, denn da sind so viele Gesichtspunkte, die sich mir bei den Erörterungen aufgedrängt haben und die meinem gelehrten Bruder und den anderen Beteiligten entgangen sind. Deshalb glaube ich nicht, daß ich das Thema vollkommen beherrsche, doch will ich mich bemühen, soweit wie möglich herauszufinden, ob es der Fall ist."

Der Gerichtspräsident interpretiert das Patentrecht

Zunächst erläuterte er die Grundsätze des Patentrechts: Als Entschädigung für die Monopolstellung eines Patentes „erhält die Öffentlichkeit die Möglichkeit, auf dem Weg über den Erfinder die Erfindung sogleich nutzbar zu machen – und nach vierzehn Jahren sie ohne Bedingung oder Einschränkung zu verwenden, wobei die Patentbeschreibung eine vollkommene Erläuterung gibt, was zu tun ist". Ein Patent, so erklärte der Richter, kann nicht zugunsten eines Prinzips erteilt werden, sondern nur für Herstellungsmethoden. Die Patentbeschreibung muß genau sein, und die Ansprüche dürfen nichts einschließen, was im öffentlichen Bereich liegt. Um das anschaulich zu machen, zitierte der Gerichtspräsident jenen Teil von Talbots Patent, der sich auf den Gebrauch von Kaliumjodid bezog.

„Ich bin mir darüber klar (schrieb Talbot), daß die Benutzung von Kaliumjodid zur Herstellung von Fotografien bereits durch andere angegeben worden ist, und ich beanspruche diese Einzelheit hier nicht als eine neue Erfindung. Das trifft lediglich zu, wenn in Verbindung mit Silber-Gallonitrat verwendet – oder wenn die erzeugten Bilder erst nach ihrer ersten Formung sichtbar gemacht oder verstärkt werden." Der Richter sagte dem Gericht, daß Talbot verpflichtet war, anzuerkennen, daß bereits andere Kaliumjodid empfohlen hatten. „Wenn er es für eine Anwendungsart beansprucht hätte, die bereits von anderen durchgeführt wurde, würde jedermann mit mir einig sein, daß die Patentbeschreibung schlecht wäre." Im selben Sinn interpretierte der Gerichtspräsident jeden von Talbots vier grundlegenden Ansprüchen mit der gleichen Buchstäblichkeit.

Talbots erster Anspruch: „. . . Die Verwendung von Gallussäure oder Gallustinktur in Verbindung mit einer Silberlösung, um Papier, welches eine Vorbehandlung erfahren hat, für Lichteinwirkung stärker empfindlich zu machen."

Der Gerichtspräsident: „. . . Was er beansprucht, ist zunächst eine gemischte Lösung von Gallussäure und Silbernitrat für einen bestimmten Zweck, nämlich das Papier stärker lichtempfindlich zu machen."

Talbots zweiter Anspruch: „Das Sichtbarmachen fotografischer Bilder auf Papier und die Verstärkung solcher Bilder, wenn sie bereits schwach oder unvollkommen sichtbar sind, indem man sie in Flüssigkeiten badet, welche jene Teile des Papiers beeinflussen, auf welchen sich zuvor Lichteinfluß ausgewirkt hat."

Der Gerichtspräsident: „Wenn sein Anspruch sich auf alle Flüssigkeiten bezieht, so heißt das, ein Prinzip patentieren zu wollen, und dann wäre das ein schlechtes Patent, denn niemand hat ein Recht zu sagen: ‚Ich beanspruche alles, was eine bestimmte Wirkung ausübt, und ich überlasse es Ihnen, zu spekulieren, was das wohl sein könnte.' Er muß erklären, *welche* Substanz *was* tut, und infolgedessen besteht der einzige Weg, hier einen gültigen Anspruch zu machen, in der Aussage: ‚Ich beanspruche zweitens als meine Erfindung die Sichtbarmachung fotografischer Bilder auf Papier und die Verstärkung solcher Bilder, falls sie bereits schwach oder unvollkommen sichtbar sind, durch Baden in den Flüssigkeiten, die hier bereits erwähnt worden sind . . . Silber-Gallonitrat oder eine entsprechende Substanz . . . '

Mr. Laroche und die anderen Ausübenden des Kollodiumverfahrens benutzen im allgemeinen Pyrogallussäure oder vielleicht ‚Eisen-Protosulfat' oder ‚Eisen-Protonitrat'. Nun, sagen wir: Pyrogallussäure. Ist diese Substanz nun das gleiche oder ein chemisches Äquivalent für Silber-Gallonitrat? Wenn es das gleiche ist oder als chemisches Equivalent bekannt, so hat Mr. Laroche kein Recht, es zu benutzen – wegen Patentverletzung . . ."

Talbots dritter Anspruch: „. . . mit fotografischen Mitteln Porträts nach dem Leben auf Papier zu erhalten."

Der Gerichtspräsident: „Dies ist ein unglücklicher Anspruch; ich fürchte, er wird sich als ein schlechter Anspruch herausstellen. Aber für die Zwecke des heutigen Anlasses setze ich voraus, daß es bedeutet: ‚die Herstellung von Porträts mit Hilfe zuvor beschriebener fotografischer Mittel'. Ich muß dies tun, um daraus einen korrekten Anspruch zu machen . . ."

Talbots vierter Anspruch: „Die Benutzung von Kaliumbromid oder einem anderen löslichen Bromid, um die erhaltenen Bilder zu fixieren."

Das „nasse Kollodiumverfahren" brachte zwar entscheidende Fortschritte, Außenaufnahmen aber waren besonders beschwerlich, da die Platte unmittelbar vor der Aufnahme im Dunkeln präpariert und bei noch feuchter Emulsion verarbeitet werden mußte. Die Illustrationen aus Lehrbüchern der 60er und 70er Jahre (unten: Foto-Historama, Leverkusen, und Deutsches Museum, München) geben einen Begriff von Ausrüstung und Arbeitsweise, wie sie z. B. dem Bild der folgenden Doppelseite dienten.

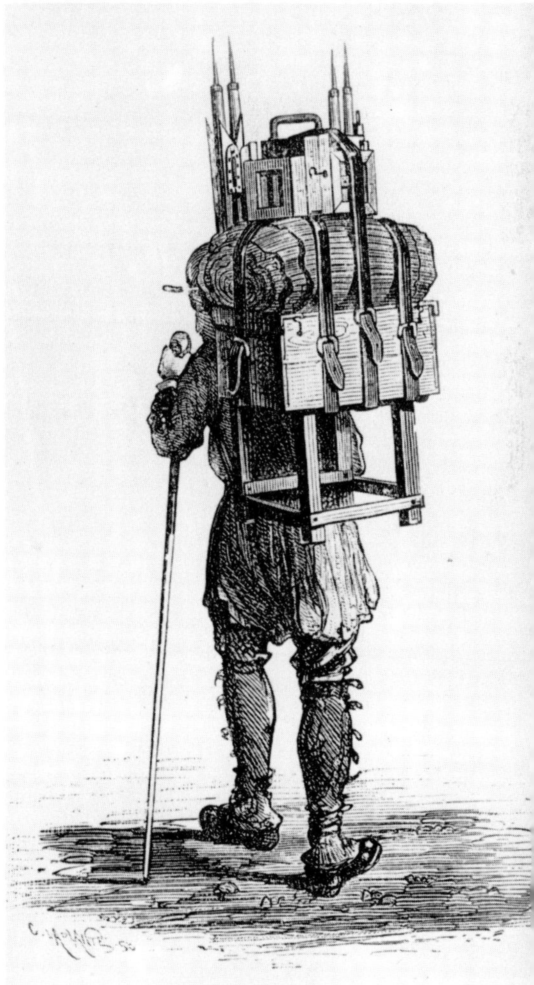

Zu welchen Bildleistungen das Kollodium-Verfahren in der Lage war – und mit welcher Mühsal sie errungen wurden–, das demonstriert die Aufnahme aus dem Jahr 1861. Sie zeigt einen Teil der Mannschaft von 25 Trägern, die der Pariser Fotograf August Bisson für eine Foto-Expedition zum Montblanc benötigte. Foto-Historama, Leverkusen.

Der Gerichtspräsident: „Die Fixage, wie beansprucht, steht nicht zur Diskussion oder ist gar strittig . . . infolgedessen können Sie diesen Punkt vergessen – höchstens, daß wir ihn im Vorbeigehen behandeln, wenn es um die Historie der Untersuchung geht."
Der Richter stellte fest, es seien zwei Gesichtspunkte bei der Zeugenaussage des Reverend Mr. Reade zu beachten: War seine Erfindung die gleiche wie diejenige Talbots? Wurde sie veröffentlicht?
Talbot schrieb die Benutzung von Silber-Gallonitrat für zweierlei Aufgaben vor: Sensibilisierung und Entwicklung. Nach seiner eigenen Angabe benutzte Reade hingegen die Gallussäure nicht als Entwickler. Aber selbst wenn Reades Erfindung identisch mit der Kalotypie wäre, so bemerkte der Richter, würde sie Talbots Patent nicht ungültig machen, denn Reade hatte seine Erfindung nicht veröffentlicht:
„Die bloße Kenntnis des Verfahrens ist, sofern sie im Busen des Mr. Reade beschlossen blieb . . . , nicht ausreichend, um Mr. Talbot sein Patent abzusprechen. Und wenn er auch unter seinen Freunden Tausende von ‚Sonnen-Bildern' verteilt haben sollte, so hat das immer noch nicht die Wirkung, das Verfahren zu enthüllen . . . Es ist durchaus möglich, daß es zwei echte Erst-Erfinder gibt. Es ist denkbar, daß sie sich denselben Wettlauf zur gleichen Zeit vorgenommen haben – daß der eine sein Verfahren geheimhält und der andere es der Öffentlichkeit übergibt – und daß dann der Letztere das Patent erhält und davon profitiert."
Zum Schluß legte der Gerichtspräsident den Geschworenen zwei Fragen vor:
„Kannte Mr. Reade die Verwendung von Silbernitrat mit Gallussäure – in Verbindung mit Kaliumjodid? Die Kenntnis allein genügt allerdings nicht: Wenn er diese Kenntnis vor dem Februar 1841 hatte – machte er sie dann auch öffentlich bekannt? Wenn er dies tat, dann müssen Sie sagen, daß Mr. Talbot nicht im Sinne des Patents der echte Ersterfinder ist.
Ist die Verwendung von Kollodium mit Silbernitrat und Kaliumjodid einfach dasselbe wie die Verwendung von Papier mit Silbernitrat, Kaliumjodid und Gallussäure? . . . Ist Pyrogallussäure . . . ein chemisches Äquivalent für Silber-Gallonitrat? Wenn ja, so ist der Angeschuldigte schuldig, wenn nein, ist er nicht schuldig zu sprechen."
Die Geschworenen zogen sich zurück; als sie nach einer Dreiviertelstunde zurückkehrten, überreichten sie dem Gerichtshof eine kurze Niederschrift.
Der Gerichtspräsident: „Sie befinden, daß Mr. Talbot der echte Erst-Erfinder im Sinne der geltenden Patentgesetze war?"
Der Geschworenen-Obmann: „Ja, daß er der erste war, der das Verfahren veröffentlichte."
Der Gerichtspräsident: „Sie finden, daß der Beschuldigte nicht schuldig war?"
Der Obmann: „Ja."
So schloß also der schwierigste Patentprozeß in der Geschichte der Fotografie mit einer Doppel-Verurteilung.

Die Wirkung des Urteils

Talbot gab seiner Enttäuschung in einem Brief an seine Frau Ausdruck: „Die Geschworenen verstanden wenig vom Thema, sondern setzten ihr ganzes Vertrauen in den Richter, und dieser machte schreckliche Fehler, da er gar nicht in der Lage war, das Verfahren zu verstehen, das er niemals probiert hatte. Es ist unmöglich, daß wir uns mit dem Schlußreferat des Richters zufriedengeben."
Streng wissenschaftlich gesehen, hatte Talbot recht mit seiner Überzeugung, daß das Kollodiumverfahren von derselben Art war wie seine Kalotypie. Die Wirkungsweise beider ist identisch: Beide Verfahren beruhen auf der physikalischen Entwicklung des latenten Bildes. Talbots Niederlage kam daher, daß der Richter die Patentansprüche sehr engherzig interpretierte und die Bekundungen der von Talbot benannten Fachleute kaum zur Kenntnis nahm. Zwar sind Pyrogallol und Gallussäure verschiedene Chemikalien, aber ihre Wirksamkeit als Entwicklungssubstanzen, wenn freie Silber-Ionen in sauerer Lösung anwesend sind, ist die gleiche. In seinem Buch *The Theory of the Photographic Process* gibt C. E. K. Mees die Formeln für die chemische Struktur beider Substanzen wie folgt:

Gallussäure Pyrogallol

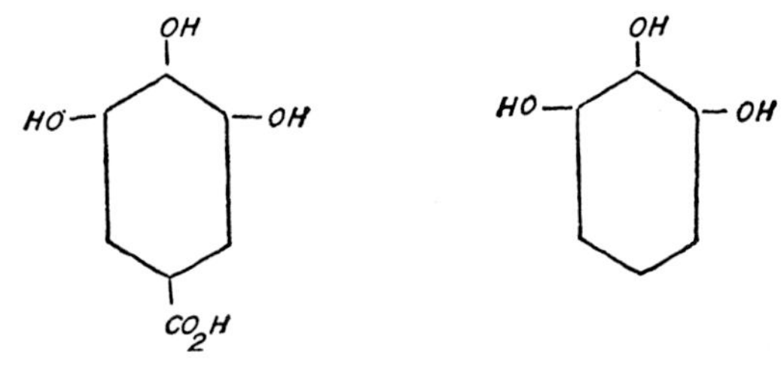

Vom ethischen Standpunkt aus ist Talbots Aggressivität, mit der er rücksichtslos alle angenommenen Verletzer seines Patentes verfolgte, vielfach und stark kritisiert worden. Es ist seltsam, daß er sich nicht gegen Archer wandte, als dieser in der Zeitschrift *The Chemist* (März 1851) unbefangen den Kollodiumprozeß veröffentlichte. Die Fotografen mußten naturgemäß das Gefühl haben, eine solche Veröffentlichung bewirke, daß das Verfahren damit ins öffentliche Eigentum überging. Mit Recht waren sie empört, daß sie sich, Jahre nachdem sie sowohl die Daguerreotypie als auch die Kalotypie zugunsten des Kollodiumverfahrens aufgegeben hatten, oftmals ohne Warnung von Talbot bedroht sahen. Seine Rechtsanwälte waren ohne Nachsicht, und ihre Methoden waren oft rücksichtslos. Thomas Sims, der bereits sieben Jahre im Geschäft war, erhielt einen Brief von Talbot, in welchem dieser seine Meisterschaft im Kollodium-Verfahren lobte und um eine Unterredung bat. Geschmeichelt durch die Einladung, die ein so bedeutender Mann aussprach, beeilte sich Sims, ihr nachzukommen. Dort aber wartete auf ihn nicht Talbot, sondern dessen Rechtsanwalt, der Sims klarmachte, daß er durch seine Benutzung des Kollodiumverfahrens für professionelle Porträtzwecke eine Patentverletzung begangen und daß er eine Kalotypie-Lizenz für 350 Pfund jährlich zu kaufen hätte. Für Sims war das eine überaus große Summe. Er weigerte sich, zu zahlen. Daraufhin ließen Talbots Rechtsanwälte eine einstweilige Verfügung ergehen, und Sims erhielt vom Gericht die Aufforderung, sein Unternehmen zu schließen.

Talbots Niederlage wurde von der Berufswelt begrüßt. Die Fesseln, in welche Daguerre und Talbot die Fotografie geschlagen hatten, waren nun für immer zerbrochen. Britische Patente erlöschen in vierzehn Jahren, wenn sie nicht erneuert werden. Talbot legte niemals Berufung gegen das Urteil im Fall Laroche ein und ließ seinen Plan fallen, das Kalotypie-Patent zu erneuern. Mit dem Sieg, den Laroche errungen hatte, fiel das Kalotypie-Verfahren genauso der Veraltung und damit der Vergessenheit anheim, wie es vorher in nahezu verblüffend kurzer Zeit mit der Daguerreotypie geschehen war.

Doch die grundlegenden Vorstellungen Talbots, nämlich das Negativ-Positiv-System und die Entwicklung des latenten Bildes, leben bis heute weiter. Kollodium wurde durch Gelatine als Trägersubstanz für lichtempfindliche Silber-Halogenide ersetzt; das Glas der Platten mußte dem Filmmaterial als Schichtträger Platz machen; die physikalische Entwicklung mußte der chemischen Entwicklung weichen; die Farbempfindlichkeit, die im Kalotypieverfahren auf Blau, Violett und Ultraviolett beschränkt gewesen war, wurde erweitert, um den Rest des Spektrums und das Infrarot zu umfassen. Alle diese Verbesserungen, denen die silberfotografischen Verfahren von heute ihre Vielseitigkeit verdanken, beruhen auf Talbots Erfindung.

Demgegenüber ist festzuhalten, daß ohne die Herausforderung durch Daguerre und dessen Ausarbeitung einer erfolgreichen fotografischen Technik (die die Welt von den Möglichkeiten der „spontanen Reproduktion von Bildern nach der Natur mit Hilfe der Camera obscura" überzeugte) Talbots Arbeiten wohl auf dem Dachboden von Lacock Abbey vergraben geblieben wären – zusammen mit seinen Verbrennungsmaschinen, die nie fertiggestellt wurden.

Es ist möglich, daß ohne die zähen Bemühungen des Nicéphore Niépce Daguerre ein unbedeutender Maler von populären Darbietungen geblieben wäre. Ohne Daguerres Hilfe wiederum, so kann man sich vorstellen, hätte man vielleicht niemals wieder etwas von Niépce gehört, nachdem dessen Versuch, seiner Erfindung in England zum Durchbruch zu verhelfen, so erfolglos und entmutigend verlaufen war.

Die Entdeckungen dieser Pioniere erfuhren jede Art von Abänderung und Verbesserung durch die vielfältige Versuchsarbeit – mal erfolgreich, mal fruchtlos –, die Tausende in aller Welt unternahmen. Als die Glasnegative von Frederick Scott Archer in den Jahren nach der Jahrhundertmitte die Metallplatten Daguerres und die Papiernegative Talbots verdrängten, verschwanden die Worte Daguerreotypie und Kalotypie aus dem täglichen Gebrauch. Ein anderer Ausdruck setzte sich allgemein durch: F o t o g r a f i e.

Quellenangaben

Kapitel I: Das Geheimnis des Monsieur Daguerre
Erste Ankündigung: *Literary Gazette,* 1147: 28 1839. Aragos Bericht: *Compte rendu de l'Académie des Sciences,* 8:4–6 1839.

Kapitel II: Das Dilemma des Mr. Talbot
Talbots Anspruch: *Compte rendu,* 8:171 1839. Seine frühen Kameraversuche und seine Vorstellungen von Fotografie: Talbot, *Pencil.* Ausstellung „fotogenischer Zeichnungen" bei der Royal Institution: *Lit. Gaz.,* 1150:74–75, 1160:236 1839. Mitteilung des Verfahrens an die Royal Society: *Athenaeum,* 589:114-16 1839.

Kapitel III: Niépce, der fast vergessene Pionier
Antwort der Académie an Talbot: *Compte rendu,* 8:173 1839. Niépces Korrespondenz: Fouque, 62, 64, 65, 68, 70, 87, 95; Kravets, 149.

Kapitel IV: Die Heliographie
Niépces Korrespondenz: Fouque, 142, 143; Kravets, 171, 193, 205, 238, 244, 248. Beschreibung der ersten Fotografie: H. Gernsheim, *Phot. Jour.,* 92A:118 1952.

Kapitel V: Partnerschaft durch Korrespondenz
Briefwechsel Daguerre–Niépce: Kravets, 255, 286, 301, 337, 371, 373, 374, 403.

Kapitel VI: Die Daguerreotypie
Korrespondenz zwischen Daguerre und Isidore Niépce: Kravets, 417, 427, 432, 451, 459, 463.

Kapitel VII: Die Kunst des fotogenischen Zeichnens
Talbot verficht seine Ankündigung: *Lit. Gaz.,* 1160:236 1839. Ein Ratschlag von Brewster: Gernsheim, *History,* 69. Talbots Arbeitsanweisung: *Lit. Gaz.,* 1153:123 1839. Über die Lichtempfindlichkeit von Silberchlorid: Talbot, *Pencil.* Die Kristallstruktur des Silberchlorid: Mees, 9–17. Talbot an Arago: *Compte rendu,* 8:305 1839

Kapitel VIII: Fixiersalz
Herschels Notizbuch: Ich schulde dem Science Museum, London, Dank für die Erlaubnis, aus dem Originalmanuskript zu zitieren. Herschel über „Hypo": *Edinburgh Philosophical Jour.,* 1:8–29 1819. Herschel an Talbot: Schultze, 62; Gernsheim, „Talbot", 136. Talbot an Biot: *Compte rendu,* 8:341 1839.

Kapitel IX: Erfinderansprüche von überall her
Bauer: *Lit. Gaz.,* 1154:138 1839; Kravets, 480, 464, 475, 470. Conversazione der Royal Society: *Athenaeum,* 594:204 1839. Talbot über Silberbromid-Papier: *Liz. Gaz.,* 1158:201–2 1839. Auseinandersetzungen mit Willmore und Havell: *Lit. Gaz.,* 1159:215; 1160:235, 236 1839. Herschel übers Vergrößern: *Lit. Gaz.,* 1160:236 1839. Herschel über Fotografie: *Philosophical Transactions,* 130:8–9 1840. Reade: Oakden, *Brit. Jour. Phot.,* 75:453–55, 466–67 1928.

Kapitel X: Eine Flut von Experimenten
Draper: dessen *Scientific Memoirs,* New York 1871, 197, 80; *Amer. Jour. Phot.,* Nr. 1:3 1858. Lassaigne: *Compte rendu,* 8:547 1839. Fyfe: *Philosophical Magazine,* 14:463 1839. Bayard: G. Potonniée, *Bul. Société Française de Phot.,* ser. 3, 4:366–74 1913. Breyer: *Bul. Académie Royal des Sciences . . . de Bruxelles,* 8:370–75 1839. Ponton: *Edinburgh New Philosophical Jour.,* 27:169–71 1839. Steinheil und Kobell: H. und A. Gernsheim, „The First Photographs Taken in Germany", *Image,* 9:38–43 1960. Robison: *Athenaeum,* 606:435 1839. Forbes: J. C. Shairp. *Life . . . of James David Forbes,* London 1873, 241–42. Herschel: *Compte rendu,* 8:838 1839; Thomas, 6; Gernsheim, „Talbot", 136–37.

Kapitel XI: Daguerres Triumph
Morse: New York *Observer,* 20. Apr. 1839. Brand des Diorama: P. Harmant, *Le Photographe,* 52:141 1962. Arago: seine *Œuvres,* 12:724 Paris 1859. Delaroche: *Image,* 11:26 1962. Kaufvereinbarung mit der Regierung: Gernsheim, *Daguerre,* 90, 93. Vertrag mit Giroux: *Phot. Jour.,* 78:33–34 1938. Bericht Aragos bei der Sitzung am 19. August: *Compte rendu,* 9:250–57 1839; *Athenaeum,* 617:637 1839; *Lit. Gaz.,* 1179:539; *L'Artiste,* ser. 2, 3:277 1839; *Le Figaro,* 8. Sep. 1839; *Le Charivari,* 30. Aug. 1839; Daguerre, *History* (Memes translation), 75.

Kapitel XII: Der Zauberspiegel
L'Artiste, ser. 2, 4:1–3 1839. *Le National,* 8. Sept. 1839. Talbot über Daguerreotypie: British Association for Advancement of Science, *Report of Ninth Meeting,* 1839, 3–5; *London, Edinburgh and Dublin Philosophical Mag.,* 22:96–97 1843. Donné: *Compte rendu,* 9:376–78 1839. Draper: *London, Edinburgh and Dublin Philosophical Mag.,* 22:367–68 1843.

Kapitel XIII: Internationaler Erfolg
Morse an Daguerre: Newhall, *Daguerreotype,* 21. Gouraud: Newhall, *Daguerreotype,* 28. Daguerre an Pye: *Athenaeum,* 626:813 1839. Claudet: *Philadelphia Phot.,* 5:174 1868. Atelier Beard: London *Morning Chronicle,* 12. Sept. 1840. Daguerre an den Innenminister: Gernsheim, *Daguerre,* 115.

Kapitel XIV: Das latente Bild
Urteil über Talbots Bilder: *Lit. Gaz.,* 1217:315–16 1840. Herschel an Talbot: Thomas, 8, 11. Talbot über die Kalotypie: *Lit. Gaz.,* 1256:108 1841; 1258:139–40 1841; *Proceedings of the Royal Soc.,* 4:312–16 1841; Britische Patente 8842/1841, 9753/1843.

Kapitel XV: „Der Zeichenstift der Natur"
Brewster an Talbot: Thomas, 34, 36. Talbot über Elektroblitz: *Athenaeum,* 1258:1286–87 1851. Die Daguerreotypie wird vom Kollodiumverfahren abgelöst: E. M. Eastbrooke, *The Ferrotype,* Cincinnati 1872, 69.

Kapitel XVI: Eine universelle Technik
Talbot an Brande: Unpublished letters, George Eastman House Collection. Prozeß Talbot gegen Laroche: *Phot. Jour.,* 2:84–95 1854; *Art Jour.,* Nr. 1:49–54 1855.

Bibliografie

Im Nachstehenden zunächst die Literaturangaben, wie sie der Verfasser in der Originalausgabe dieses Buches *(Latent Image,* New York 1967) aufgeführt hat:

Daguerre, Louis Jacques Mandé. *Historique et description des procédés du Daguerréotype et du Diorama.* Paris 1839.

Daguerre, L. J. M. *An Historical and Descriptive Account of the Various Processes of the Daguerreotype.* London 1839.

Eder, Josef Maria. *History of Photography.* New York 1945.

Fouque, Victor. *La vérité sur l'invention de la photographie. Nicéphore Niépce, sa vie, ses essais, ses travaux.* Paris und Chalon-sur-Saône 1867.

The Truth Concerning the Invention of Photographie: Nicéphore Niépce, His Life and Works. New York 1935.

Gernsheim, Helmut and Alison. *The History of Photography.* London 1954. (Dieses Werk ist 1969 in einer stark erweiterten Fassung beim Verlag Thames & Hudson, London, herausgekommen. D. Übs.)

Gernsheim, H. *L. J. M. Daguerre.* London 1956.

Gernsheim, H. „Talbot's and Herschel's Photographic Experiments in 1839." *Image,* 8:133-37 1959.

Kravets, T. P., ed. *Dokumenti po Istorii Izobreteniya Fotografi.* Moskau 1949. (Niépces Korrespondenz in französisch und russisch.)

Mees, C. E. K. *The Theory of the Photographic Process.* New York 1942.

Newhall, Beaumont. *The Daguerreotype in America.* New York 1961.

Newhall, B. *The History of Photography.* New York 1964.

Potonniée, Georges. *History of the Discovery of Photography.* New York 1936.

Schultze, R. S. „Rediscovery and Description of Original Material on the Photographic Researches of Sir John F. W. Herschel." *Jour. Phot. Science,* 13:57-68 1965.

Taft, Robert. *Photography and the American Scene.* New York 1938.

Talbot, William Henry Fox. *The Pencil of Nature.* London 1844–46.

Thomas, D. B. *The First Negatives.* London 1964 (a Science Museum monograph).

Im folgenden einige deutschsprachige Titel, die zur Ergänzung der Lektüre dienen können. Die meisten dieser Werke sind seit längerem vergriffen; man wird also in solchen Fällen auf die Nachfrage bei Bibliotheken angewiesen sein.

Baier, Wolfgang. *Quellendarstellungen zur Geschichte der Fotografie.* 2. Aufl. Leipzig und München 1977.

Bossert, Helmuth, und Heinrich Guttmann. *Aus der Frühzeit der Photographie 1840–1870.* Ein Bildbuch nach 200 Originalen. Frankfurt/Main 1930.

Eder, Josef Maria. *Geschichte der Photographie.* Erste und zweite Hälfte. 4. Aufl. Halle/Saale 1932.

Eder und Kuchinka. *Die Daguerreotypie und die Anfänge der Negativphotographie auf Papier und Glas* (Talbotypie und Niépceotypie). 3. Aufl. Halle a. d. S. 1927.

Gernsheim, Helmut und Alison. *Die Fotografie.* Wien 1971.

Jammes, André. *William H. Fox Talbot.* Luzern 1972.

Hippolyte Bayard. Ein verkannter Erfinder und Meister der Photographie. Luzern 1975.

Kempe, Fritz. *Vor der Kamera. Zur Geschichte der Photographie in Hamburg.* Hamburg 1976.

Neher, Frank Ludwig. *Die Erfindung der Photographie.* Stuttgart 1938.

Steinert, Otto, und André Jammes. *Die Kalotypie in Frankreich.* Katalog, Essen 1965.

Steinert, Otto, und Pierre Harmant. *Hippolyte Bayard, ein Erfinder der Photographie.* Katalog, Essen 1959.

Stenger, Erich. *Die beginnende Photographie im Spiegel von Tageszeitungen und Tagebüchern.* 2. erweit. Aufl. Würzburg 1943.

Stenger, Erich. *Die Photographie in München 1839–1860.* Berlin 1939.

Stenger, Erich. *Siegeszug der Photographie.* Seebruck 1950.

Stenger, E., und Wilhelm Dost. *Die Daguerreotypie in Berlin 1839–1860.* Berlin 1922.

Weimar, Wilhelm. *Die Daguerreotypie in Hamburg 1839–1860.* Hamburg 1915.

Wissner, Adolf. *Photographieren einst und jetzt.* In der Reihe: „Deutsches Museum. Abhandlungen und Berichte." München 1970.

Sachregister